Grit Weber

Stochastik

Aufgaben und Hinweise

Ein Zusatzheft für Schüler
der Klassen 9 und 10

Volk und Wissen Verlag GmbH

Redaktion: Karlheinz Martin, Ursula Schwabe

ISBN 3-06-000917-1

1. Auflage

5 4 3 2 / 96 95 94 93

Alle Drucke dieser Auflage sind unverändert und im Unterricht parallel nutzbar.
Die letzte Zahl bedeutet das Jahr dieses Druckes.

Printed in Germany

Satz und Druck: Maxim Gorki-Druck GmbH, Altenburg

Zeichnungen: Rita Schüler

Gestaltung: Karl-Heinz Bergmann AGD

Vorgänge mit zufälligem Ergebnis

Julia geht Freitagabend zur Disco. Erst will bei ihr nicht so die rechte Stimmung aufkommen. Doch dann bemerkt sie einen „verdammt gut aussehenden" Jungen, Romeo. Sie geht auf ihn zu und fragt ihn, ob er nicht mit ihr tanzen will.
Wird er zustimmen oder ablehnen? Für Julia ist Romeos Antwort vom Zufall bestimmt, denn sie kann diese Antwort nicht vorhersagen.

1. Auf dem Küchentisch stehen 6 Gefäße, ein Trichter, ein Topf, ein kugelrundes Bonbonglas, ein Einwecktopf, eine Schüssel, die in der Mitte etwas nach oben gewölbt ist, und eine Schüssel mit geradem Boden (Bild 1). Fabian wirft in jedes Gefäß eine Murmel.
Können Sie voraussagen, wo die Kugel liegenbleiben wird?

Bild 1

> Ein **Vorgang mit zufälligem Ergebnis** besitzt mehrere mögliche Ergebnisse. Bei jedem Ablauf des Vorgangs tritt genau eins dieser Ergebnisse auf, jedoch kann man nicht vorhersagen, welches.

2. Welche Ergebnisse können beim Würfeln mit einem Würfel auftreten? Kann man vorhersagen, welche Zahl als nächstes gewürfelt wird?

3. Welche der folgenden Situationen beschreiben einen Vorgang mit zufälligem Ergebnis?

a) Geburt eines Kindes
b) Ziehung der Lotto-Zahlen
c) Beobachten der Fallrichtung eines vom Baum fallenden Apfels
d) Feststellen der Himmelsrichtung, in der die Sonne untergeht
e) Ermitteln des Siegers beim Mensch-ärgere-dich-nicht-Spiel
f) Messen des Blutdruckes
g) Wirkung eines Medikaments
h) Ermitteln der Schuhgröße
i) Drehen eines Glücksrades

4. Nennen Sie selbst Beispiele für Vorgänge mit zufälligem Ergebnis!

Alle möglichen Ergebnisse eines Vorgangs mit zufälligem Ergebnis zusammen ergeben die **Ergebnismenge** Ω.
Zu einem Vorgang kann es mehrere Ergebnismengen geben, je nachdem welches Merkmal man als Ergebnis betrachtet.

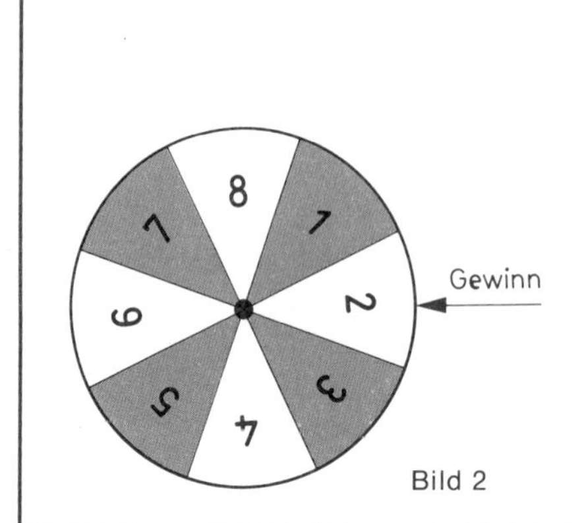

Bild 2

BEISPIEL:
Ein Glücksrad wird einmal gedreht.
- Im ersten Fall sei von Interesse, welche Zahl angezeigt wird. Dafür gibt es 8 verschiedene Möglichkeiten.
Als Ergebnismenge wählen wir:
$\Omega = \{1; 2; 3; 4; 5; 6; 7; 8\}$.
- Im zweiten Fall sei von Interesse, welche Farbe angezeigt wird.
Als Ergebnismenge wählen wir:
$\Omega = \{$„rot“; „weiß“$\}$.

5. Der kleine Lucas darf eine Münze in seine Sparbüchse stecken.
Welche Möglichkeiten gibt es?

6. Wieviel Kinder kann eine Familie haben?

7. Nennen Sie drei mögliche Ergebnisse, die bei einer Ziehung beim Tele-Lotto (5 aus 35) auftreten können!

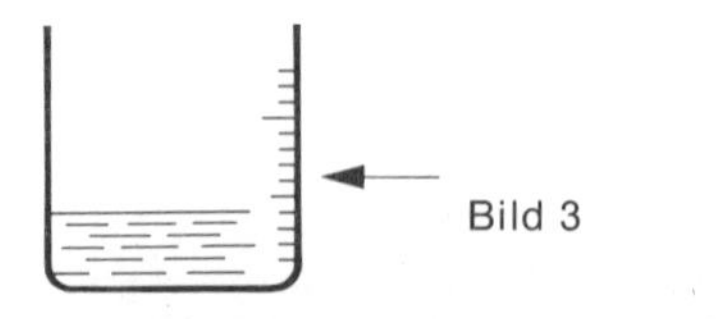
Bild 3

8. Ein Meteorologe kontrolliert die Niederschlagsmenge, die in den letzten 24 h gefallen ist.
Geben Sie die Ergebnismenge an!

9. Aus einem Gefäß, in dem sich rote, blaue und weiße Kugeln befinden, werden von jemandem zwei Kugeln mit geschlossenen Augen entnommen.
Welche Farben können die gezogenen Kugeln haben? Geben Sie alle Möglichkeiten an!

Ein Hilfsmittel zur Bestimmung von Ergebnismengen bei *zusammengesetzten Versuchen* ist das **Baumdiagramm.**
Die Aufgabe 9 behandelte einen zusammengesetzten Versuch. Das Ziehen zweier Kugeln

wird in zwei Handlungen vollzogen:
Zuerst wird *eine* Kugel gezogen (rot oder blau oder weiß), dann die *zweite* Kugel. Im Bild 4 wird mit jedem Weg ein Ergebnis des zusammengesetzten Versuches erfaßt, und weitere Ergebnisse sind nicht möglich.

1. Kugel	2. Kugel	Ergebnisse
rot	rot	(rot; rot)
	blau	(rot; blau)
	weiß	(rot; weiß)
blau	rot	(blau; rot)
	blau	(blau; blau)
	weiß	(blau; weiß)
weiß	rot	(weiß; rot)
	blau	(weiß; blau)
	weiß	(weiß; weiß)

Bild 4

Ist die Reihenfolge der Ziehungen in Aufgabe 9 nicht entscheidend, so fallen diejenigen Ergebnisse zusammen, die durch Umordnung der gezogenen Kugeln auseinander hervorgehen. Zum Beispiel sind die Ergebnisse (rot; blau) und (blau; rot), (rot; weiß) und (weiß; rot) bzw. (blau; weiß) und (weiß; blau) gleich, wenn die beiden Kugeln gleichzeitig gezogen werden, man also keine Reihenfolge festlegen kann.

10. Eine Münze wird solange geworfen, bis zum ersten Mal „Wappen" zu sehen ist. Welche Anzahlen von erforderlichen Würfen sind möglich?
Zeichnen Sie das zu diesem Versuch gehörende Baumdiagramm, und schreiben Sie an jeden Weg das entsprechende Ergebnis!
Geben Sie die Ergebnismenge an!

11. Zwei Volleyballmannschaften A und B spielen gegeneinander. Ein Spiel besteht aus mehreren Sätzen. Wer drei Sätze gewonnen hat, gewinnt das Spiel. Mögliche Satzfolgen sind: B-B-A-B oder A-A-A, wobei A bedeutet, daß Mannschaft A den Satz gewonnen hat.
Geben Sie die Ergebnismenge mit allen möglichen Satzfolgen an!

12. Unter den Schülern Hans (H), Peter (P), Anton (A), Jan (J) und Thomas (T) sollen drei Jungen für eine Staffel ausgelost werden. Geben Sie alle möglichen Ergebnisse an!

13. Die kurzsichtige Oma gibt dem kleinen Daniel 2 Münzen zum Einkaufen. Mit wieviel Geld wird Daniel auskommen müssen?

14. Zwei Würfel werden geworfen.
Eine mögliche Ergebnismenge könnte die Menge aller Paare sein, an deren erster Stelle die Augenzahl des ersten Würfels und an deren zweiter Stelle die des zweiten Würfels steht.
Es könnten aber auch andere Ergebnismengen von Interesse sein. Denken Sie sich

andere Ergebnismengen aus, und geben Sie diese an! (Als Hinweis sei beispielsweise die Ergebnismenge genannt, die aus den möglichen Summen beider Augenzahlen besteht.)

Oft interessiert man sich für das Eintreten bestimmter Ereignisse.
Ereignisse sind Aussagen über die Ergebnisse eines Vorgangs, die man auch in Mengenschreibweise angeben kann.

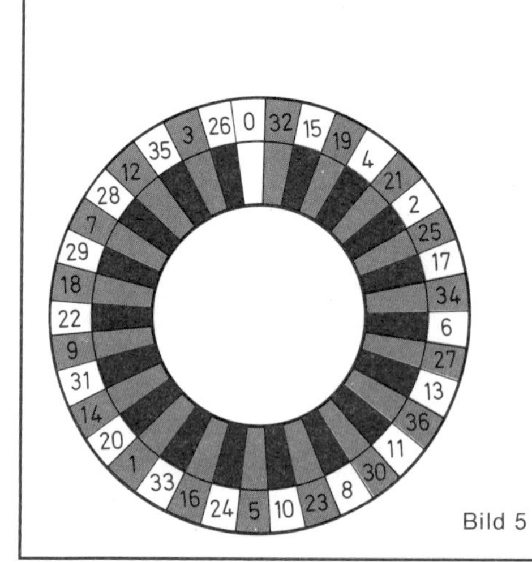

Bild 5

BEISPIEL:

Das Bild 5 zeigt eine Roulette-Schale, auf der eine Kugel gegen die Drehrichtung der Scheibe geworfen wird und die dann auf einer Zahl liegenbleibt. Das Ergebnis einer Runde ist eine Zahl zwischen 0 und 36.
Nehmen wir an, jemand hat auf „impair" – *ungerade* gesetzt. Dann interessiert sich der Spieler dafür, ob das Ereignis U „impair" eintritt. Für dieses Ereignis sind die Zahlen 1; 3; 5; ...; 35 günstig: Das ist die Teilmenge $U = \{1; 3; 5; \ldots; 35\}$ der Ergebnismenge.

15. Das Bild 6 zeigt einen Roulette-Spielplan. Geben Sie zu jedem der folgenden Ergebnisse die Teilmenge der dafür günstigen Ergebnisse aus

$\Omega = \{0; 1; 2; \ldots; 36\}$ an!

A: „Rot" – Gewinn, falls die Kugel auf einer roten Zahl liegenbleibt.

B: „Längsreihe" – Gewinn, falls die Kugel auf einer Zahl liegenbleibt, die in der Reihe über dem „Einsatz" liegt (außer „Null").

C: „2 Querreihen" – Gewinn, falls die Kugel auf einer Zahl liegenbleibt, die in einer der beiden Zeilen liegt, die der „Einsatz" kennzeichnet.

D: „4 Zahlen" – Gewinn bei einer der vier vom „Einsatz" berührten Zahlen.

E: „Querreihe von 3 Zahlen" – Gewinn bei einer der drei Zahlen, die in der vom „Einsatz" berührten Zeile stehen.

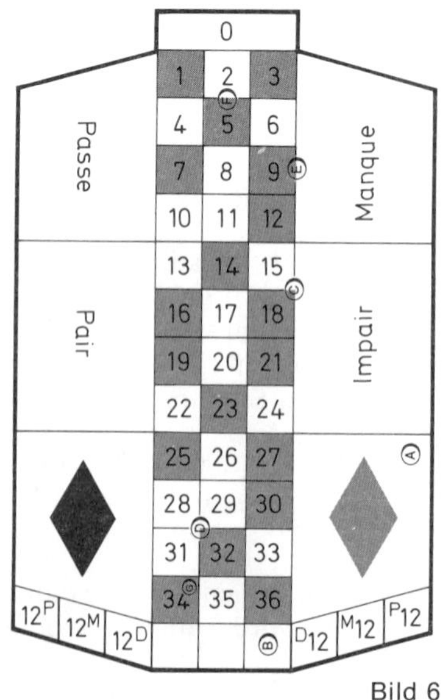

Bild 6

F: „2 Zahlen" – Gewinn bei einer der beiden vom „Einsatz" berührten Zahlen.

G: „Zahl" – Gewinn nur bei der vom „Einsatz" bezeichneten Zahl.

16. Es werden ein roter und ein blauer Würfel geworfen. Beschreiben Sie folgende Ereignisse, indem Sie alle möglichen Augenpaare aufzählen, die für das entsprechende Ergebnis günstig sind!
Schreiben Sie dabei jeweils zuerst die Augenzahl des roten Würfels!

A: Beide Würfel zeigen die gleiche Augenzahl an.
B: Die Augenzahl des roten Würfels ist ein Teiler der Augenzahl des blauen Würfels.
C: Die Augensumme ist eine Primzahl.
D: Die Augensumme ist 6.
E: Das kleinste gemeinsame Vielfache der Augenzahlen ist größer als 9.
F: Der größte gemeinsame Teiler der Augenzahlen ist 3.

17. Axel, Werner, Thomas und Paul wollen Tischtennis spielen. Es sind aber nur 2 Kellen vorhanden. Sie können sich nicht einigen, wer zuerst spielen darf und losen deshalb.
Schreiben Sie die Ergebnismenge dieses Losens auf, indem Sie alle möglichen Paare aufstellen, wie das erste Match besetzt sein könnte!
Beschreiben Sie die folgenden Ereignisse!

A: Thomas spielt im ersten Match.
B: Paul spielt nicht zuerst.
C: Thomas spielt zuerst und Paul nicht.

18. Beim „Mensch-ärgere-Dich-nicht" darf man mit seiner Figur nur starten, wenn man innerhalb von drei Würfen eine 6 würfelt.
Man könnte also nach den Folgen 5-6 oder 3-1-6 sein Steinchen auf das Feld setzen.
Geben Sie alle „erfolgreichen" Zahlenfolgen an!

Zwei Würfel werden geworfen, und die Summe der Augenzahlen wird bestimmt. Die Ergebnismenge umfaßt also die Zahlen 2 bis 12.
Für das Ereignis „Augensumme kleiner als 13" sind alle Ergebnisse günstig. Es muß immer eintreten. Ein solches Ereignis nennt man **sicheres Ereignis.** Sichere Ereignisse werden durch den Buchstaben Ω selbst dargestellt.
Das Ereignis „Augensumme mindestens 13" hingegen kann nicht eintreten. In der Ergebnismenge ist kein Ergebnis enthalten, das dafür günstig ist. Man nennt solche Ereignisse **unmögliche Ereignisse** und stellt sie durch die leere Menge $\emptyset$ dar.

19. Welche der folgenden Ereignisse sind „unmöglich", „sicher" bzw. „möglich, aber nicht sicher"?

a) Aus einer Urne, in der sich nur rote Kugeln befinden, wird eine rote Kugel gezogen.
b) Von den 8 Familienmitgliedern der Familie Kluge hat jedes an einem anderen Wochentag Geburtstag.
c) Ein Würfel wird geworfen, und die Augenzahl ist kleiner als 10.
d) Die Schüler Ihrer Klasse können sich so aufstellen, daß immer ein Mädchen neben einem Jungen steht.
e) Ein Kind hat zwei Geschwister.
f) Ein Kind hat Mutter und Vater.

Geben Sie selbst Beispiele für sichere und für mögliche Ereignisse an!

20. Ein Spielwürfel enthalte nur die Zahlen 1; 2 und 3 (↗ Bild 7).
Geben Sie alle möglichen Ereignisse an, wenn bis zu dreimal gewürfelt werden kann!

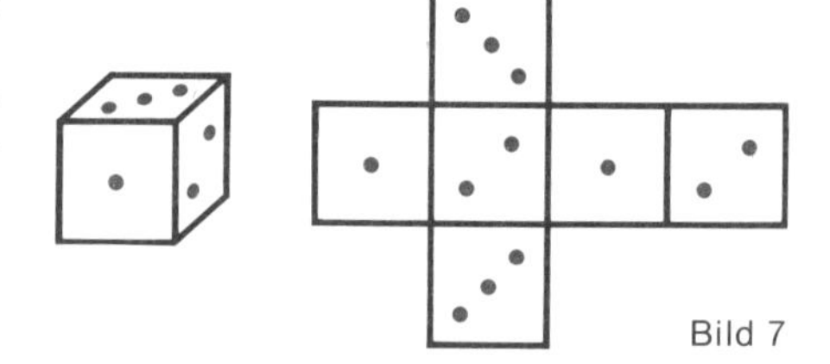

Bild 7

Zu jedem Ereignis A gibt es ein entgegengesetztes Ereignis $\bar{A}$.
Das Ereignis $\bar{A}$ tritt ein, wenn A nicht eintritt.
Eine Mengendarstellung erhält man, indem man die Elemente des Ereignisses A aus der Ergebnismenge Ω streicht.

BEISPIEL

Das Ereignis A sei: Beim Würfeln mit einem Spielwürfel liegt eine gerade Zahl oben, also $A = \{2; 4; 6\}$.
Streicht man die Elemente des Ereignisses A aus der Ergebnismenge $\Omega = \{1; 2; 3; 4; 5; 6\}$, so bleiben die Zahlen 1; 3; 5 übrig, d. h. $\bar{A} = \{1; 3; 5\}$.
Also, das Werfen einer ungeraden Zahl ist das entgegengesetzte Ereignis zu A.

21. Nennen Sie für folgende Ereignisse die entgegengesetzten Ereignisse!

A: In einer Familie mit 5 Kindern gibt es mindestens 3 Mädchen.
B: Beim Ziehen einer Kugel aus einer Urne mit 2 weißen, 3 schwarzen und 4 roten Kugeln wird eine weiße Kugel gezogen.
C: Bei 3 Schüssen auf eine Zielscheibe werden 3 Treffer erzielt.
D: Bei 5 Schüssen auf eine Zielscheibe werden nicht mehr als 2 Treffer erzielt.
E: Das Eis kostet weniger als 4,– DM, aber mehr als 2,– DM.
F: Beim Roulette wird eine Zahl aus der mittleren Längsreihe gezogen.
G: In keinem dieser Bücher gibt es weniger als 3 Druckfehler.
H: Nadine hat einen Bruder.
I: Ich gewinne immer dieses Spiel.

Jemand spielt Roulette und hat auf die mittlere Längsreihe gesetzt (↗ Bild 6; günstig ist das Ereignis A mit $A = \{2; 5; 8; \ldots; 32; 35\}$). Um die Chance auf einen Gewinn zu vergrößern setzt er außerdem noch auf das obere Dutzend. Dieser Chip wird bei Eintreten des Ereignisses $B = \{1; 2; \ldots; 11; 12\}$ gewinnen. Er gewinnt also, wenn das Ereignis A **oder** das Ereignis B eintritt. Dieses neue Ereignis, das durch die **Vereinigung** der Elemente aus A und aus B entsteht, bezeichnet man mit $A \cup B$ (A oder B). In unserem Fall gilt also:

$A \cup B = \{1; 2; \ldots; 11; 12; 14; 17; \ldots; 32; 35\}$.

Am größten wäre die Freude, wenn für den Spieler sowohl der erste als auch der zweite Chip gewinnt. Das tritt offensichtlich dann ein, wenn eine Zahl gezogen wird, die in der mittleren Längsreihe und im oberen Dutzend liegt, also 2; 5; 8 oder 11. Dieses Ereignis, der **Durchschnitt** der Ereignisse A und B, wird mit $A \cap B$ (A und B) bezeichnet, also

$A \cap B = \{2; 5; 8; 11\}$.

Mengenverknüpfungen kann man besonders einprägsam mit Hilfe von **Venndiagrammen** verdeutlichen.

22. Deuten Sie die Mengenverknüpfungen, die in den Bildern 8a–c dargestellt werden!

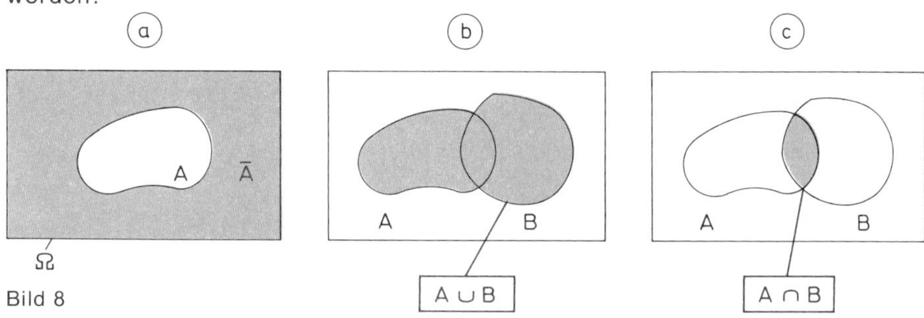

Bild 8

Beachten Sie, daß eine Überschneidung der beiden Ereignisse A und B (wie im Bild 8b dargestellt) nur dann gerechtfertigt ist, wenn die Mengen A und B gemeinsame Elemente haben!
Ist dies nicht der Fall, gibt es keine rot gerasterte Fläche im Bild 8c – die entsprechende Durchschnittsmenge ist leer.

23. Ein Versuch bestehe im einmaligen Werfen eines Würfels. Dabei werden folgende Ereignisse betrachtet:

A: eine 6 wird gewürfelt,
B: eine ungerade Zahl wird gewürfelt,
C: mindestens eine 4 wird gewürfelt,
D: höchstens eine 3 wird gewürfelt,
E: eine 2 oder eine 4 wird gewürfelt.

Veranschaulichen Sie sich diesen Sachverhalt mit einem Venndiagramm, und beantworten Sie die folgenden Fragen!

a) Welches ist das Gegenereignis zu C?
b) Gibt es Ereignisse, die mit B kein Element gemeinsam haben?

24. Anläßlich einer Befragung wird aus den in einer Stadt lebenden Ehepaaren willkürlich ein Ehepaar ausgewählt. Folgende Ereignisse werden betrachtet:

A: Der Ehemann ist älter als 40 Jahre.
B: Der Ehemann ist älter als die Ehefrau.
C: Die Ehefrau ist älter als 40 Jahre.
Beschreiben Sie die Ereignisse $A \cup B$, $A \cap B$; $A \cup C$ und $A \cap C$ mit Worten!

25.* Es seien A und B beliebige Ereignisse. Überlegen Sie, unter welchen Bedingungen die folgenden Beziehungen gelten:

a) $A \cup B = A$, **b)** $A \cup B = \bar{A}$, **c)** $A \cap B = A$,
d) $A \cap B = \bar{A}$, **e)** $A \cup B = A \cap B$!

26. Drei Pärchen gehen zur Tanzschule. Jeweils nach der Hälfte der Tanzstunde läßt der Tanzlehrer das Los entscheiden, welcher Junge mit welchem Mädchen tanzt, damit man sich nicht zu sehr auf seinen Partner „eintanzt". Unsere Pärchen wollen natürlich auch in der zweiten Hälfte der Tanzstunde miteinander tanzen und

betrachten die Ereignisse A_1, A_2 bzw. A_3, daß das Pärchen 1, 2 bzw. 3 doch zufällig zusammen weitertanzen kann, als Gewinn.
Beschreiben Sie die folgenden Ereignisse mit Worten:

a) $A_1 \cap A_2 \cap A_3$, **b)** $A_1 \cup A_2 \cup A_3$; **c)** $\overline{A_1 \cap A_2 \cap A_3}$,
d) $\overline{A_1 \cup A_2 \cup A_3}$, **e)*** $(A_1 \cap \bar{A}_2 \cap \bar{A}_3) \cup (\bar{A}_1 \cap A_2 \cap \bar{A}_3) \cup (\bar{A}_1 \cap \bar{A}_2 \cap A_3)$!

27. Haben die für die folgenden Vorgänge angegebenen Ereignisse jeweils gemeinsame Elemente?

a) Vorgang: *Werfen einer Münze*
Ereignisse: A_1: Zahl liegt oben.
A_2: Wappen liegt oben.

b) Vorgang: *Werfen von zwei Münzen.*
Ereignisse: B_1: Die erste Münze zeigt „Zahl".
B_2: Die zweite Münze zeigt „Wappen".
B_3: Beide Münzen zeigen „Wappen".

c) Vorgang: *Zweimaliges Schießen auf eine Scheibe.*
Ereignisse: C_1: Kein Treffer.
C_2: Genau ein Treffer.
C_3: Ein Treffer.
C_4: Zwei Treffer.

d) Vorgang: *Ziehen von zwei Karten aus einem Skatspiel.*
Ereignisse: D_1: Zwei Kreuz- oder zwei Pikkarten werden gezogen.
D_2: Ein As wird gezogen.
D_3: Eine Dame wird gezogen.

28. Ein Schüler möchte Bohnen zum Keimen bringen und legt 4 Stück auf einen Teller unter einen feuchten Wattebausch. Es werden die folgenden Ereignisse beobachtet:

A: Genau eine der 4 Bohnen keimt.
B: Mindestens eine Bohne keimt.
C: Zwei oder mehr Bohnen keimen.
D: Genau zwei Bohnen keimen.
E: Genau drei Bohnen keimen.
F: Alle vier Bohnen keimen.

Beschreiben Sie die folgenden Ereignisse mit Worten:

a) $A \cup B$, **b)** $B \cup C$, **c)** $D \cup E \cup F$, **d)** $A \cap B$, **e)** $B \cap C$!

29. Es werden drei Maschinen auf Funktionstüchtigkeit überprüft. Es sei A_i das Ereignis „Die i-te Maschine ist defekt".
Stellen Sie folgende Ereignisse durch eine Verknüpfung der Ereignisse A_i dar:

A: Alle drei Maschinen sind defekt.
B: Keine Maschine ist defekt.
C: Wenigstens eine Maschine ist defekt.
D: Wenigstens eine Maschine ist intakt.
E: Mindestens zwei Maschinen sind defekt.
F: Nicht mehr als eine Maschine ist defekt.
G: Nur die erste Maschine ist defekt.

30. In einem Sanatorium beträgt der Anteil der Kurgäste mit Diabetes 40% und der mit zu hohem Blutdruck 50%. 30% der Kurgäste haben keine der beiden Krankheiten. Wie groß ist der Anteil derer, die beide Krankheiten haben?

31. Bei einer Reihenuntersuchung werden viele Personen auf Lungenkrebs hin untersucht. Es interessieren folgende Ereignisse:

A: Die untersuchte Person hat Lungenkrebs.
B: Die untersuchte Person ist Raucher.

Beschreiben Sie die folgenden Ereignisse verbal, und schraffieren Sie jeweils in einem Venndiagramm die entsprechende Fläche!

a) $A \cap B$ **b)** $\overline{A \cap B}$ **c)** $A \cup B$ **d)** $\overline{A \cup B}$ **e)** $(A \cap \bar{B}) \cup (\bar{A} \cap B)$.

32. Bei Bergleuten mit 10jähriger Berufspraxis betrage der Anteil der an Silikose erkrankten Personen 40%, der an Bronchitis erkrankten 70% und der Personen, die an beiden Krankheiten gleichzeitig leiden müssen, 30%. (Silikose ist eine krankhafte Veränderung der Lunge durch Quarzstaub.) Wie groß ist der Anteil der Personen dieser Gruppe, die keine der beiden Krankheiten haben?

Absolute und relative Häufigkeit

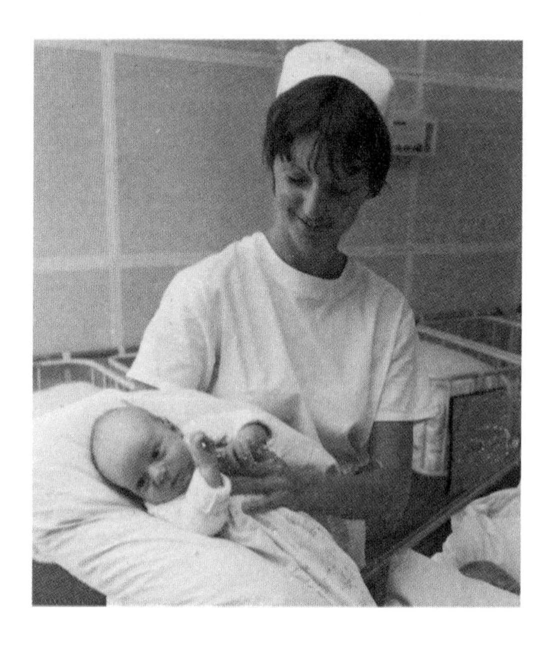

Wird ein Kind geboren, so ist die erste Frage der Angehörigen und Freunde stets: „Wie geht es der Mutter und dem Kind? Sind beide gesund?“ Dieses Fragen ist verständlich und von großer Bedeutung für alle, die um das Wohlergehen der Familie bangen. Dann aber fragt man meistens: „Ist es ein Junge oder ein Mädchen?“ Zum Glück sind in den meisten Fällen beide Geschlechter willkommen. Dennoch sind alle neugierig auf die Antwort, und die Häufigkeit, mit der Jungen und Mädchen geboren werden, wird statistisch erfaßt.

1. Werfen Sie 20mal eine Münze, und notieren Sie nach jedem Wurf, ob Wappen oder Zahl oben lag!

2. Jeder kennt sicherlich die wunderschönen Verse von Johann Wolfgang v. Goethe:

Vom Eise befreit sind Strom und Bäche
Durch des Frühlings holden, belebenden Blick;
Im Tale grünet Hoffnungsglück;
Der alte Winter, in seiner Schwäche,
Zog sich in rauhe Berge zurück.

Wir wollen uns jetzt aber nicht an der Kunst Goethes erfreuen, sondern feststellen, mit welcher Häufigkeit die einzelnen Buchstaben auftreten. Ordnen Sie die Buchstaben nach der Häufigkeit des Auftretens!

a) Welcher Buchstabe tritt am häufigsten auf?
b) Welche Buchstaben treten gar nicht auf?
c) Wird die von Ihnen aufgestellte Rangfolge der Buchstaben auch für einen anderen Text gelten? Überprüfen Sie Ihre Vermutung an einem selbstgewählten Textbeispiel!

3. Erstellen Sie eine Liste mit den Namen aller Schüler Ihrer Klasse und der dazugehörigen Geschwisteranzahl!

a) Welche Anzahlen für Geschwisterkinder sind theoretisch möglich?

b) Welche Anzahlen für Geschwisterkinder treten in Ihrer Klasse auf?

c) Ordnen Sie die Geschwisterzahlen der Größe nach! Welche Anzahlen treten besonders häufig auf?

d) Ist Ihre Klasse Ihrer Meinung nach damit ein typisches Beispiel für alle Schulklassen in Deutschland? Vergleichen Sie mit Parallelklassen!
Gibt es in dieser Beziehung einen Unterschied zwischen den verschiedenen Ländern?

e) Nehmen wir an, in Ihrer Klasse sind 22 Schüler und darunter sind 8 Kinder, die keine Geschwister haben. In einer anderen Klasse mit 30 Schülern gibt es dagegen 10 Einzelkinder. Es gibt also in der anderen Klasse mehr Einzelkinder.
Ist dieser Vergleich gerechtfertigt?
Versuchen Sie ein besseres Maß für diesen Vergleich zu finden!

Wenn ein Vorgang mit zufälligem Ergebnis n-mal wiederholt wird und dabei genau k-mal ein bestimmtes Ergebnis A beobachtet wird, so heißt der Wert $\frac{k}{n}$ die **relative Häufigkeit** des Ereignisses A bezüglich dieser Versuchsreihe.
Die relative Häufigkeit für das Auftreten des Ereignisses A bei n Versuchen wollen wir mit $h_n(A)$ bezeichnen.

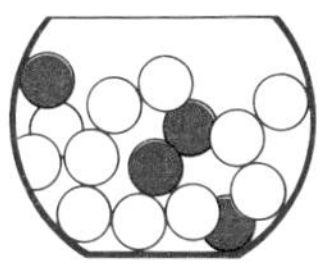

Bild 9

BEISPIEL:

In einer Urne befinden sich viele rote und weiße Kugeln. Es wird 100mal eine Kugel gezogen, die entsprechende Farbe notiert und dann wieder zurückgelegt. Nehmen wir an, es wurde dabei 23mal eine rote und 77mal eine weiße Kugel gezogen. Die relative Häufigkeit des Ergebnisses „rot“ beträgt dann also 0,23.

4. Bestimmen Sie die relative Häufigkeit der 5 und der 3 beim Würfeln mit einem Spielwürfel! Würfeln Sie mindestens 100mal! Vergleichen Sie auch mit den Ergebnissen ihrer Mitschüler!

5. Es soll überprüft werden, ob die Autotypen LADA und OPEL-KADETT in Ihrer Wohnnähe häufiger vorkommen als andere Autotypen. Zählen Sie deshalb die Autos, die in einer bestimmten Zeit an einer bestimmten Stelle vorbeifahren, und notieren Sie sich die Häufigkeit der beiden genannten Autotypen!
Vergleichen Sie Ihr Beobachtungsergebnis mit der Häufigkeit dieser Autotypen an einer anderen Stelle!

6. Bei einem Klassenfest wurde das im Bild 10a abgebildete kuriose „Glücksrad“ aufgestellt. Es möge sich leicht und regelmäßig drehen.
Würden Sie auf das Ergebnis „rot“ setzen? Welche Chance hat dieses Ereignis? Begründen Sie ihre Antwort!

7. Wenn Sie ein Roulette-Spiel zur Verfügung haben, dann drehen Sie die Scheibe etwa 500mal, und notieren Sie sich gewissenhaft die auftretenden Zahlen, auch ob sie jeweils rot oder schwarz waren! Wenn Sie kein Roulette-Spiel besitzen, dann verwenden Sie die auf der Seite 48 befindliche Tabelle, die auch mit einem Roulette-Spiel ermittelt wurde (allerdings zu wenig Zahlen enthält)!

a) Bestimmen Sie die absolute Häufigkeit der einzelnen Zahlen, indem Sie eine Strichliste anfertigen!

(Sie führen alle möglichen Zahlen untereinander auf und setzen für jedes Auftreten einen Strich hinter die Zahl.)

b) Bestimmen Sie die relative Häufigkeit der einzelnen Zahlen, und vergleichen Sie die Resultate miteinander!

c) Beobachten Sie für 3 selbst gewählte Ereignisse (etwa „rot" oder „die mittlere Längsreihe") den Verlauf der relativen Häufigkeit, indem Sie jeweils nach 10, 20, ..., 500 Drehungen die relative Häufigkeit der entsprechenden Zahl bestimmen und diese ermittelten Werte in Abhängigkeit von der Anzahl der Drehungen grafisch darstellen!

8. Nehmen wir an, das Glücksrad im Bild 10b ist unsymmetrisch. Kann man jetzt auch ohne weiteres die Chance für das Ereignis „Zeiger steht auf rot" vorhersagen?
Wie könnte man die Chance oder die Wahrscheinlichkeit für dieses Ereignis bestimmen?

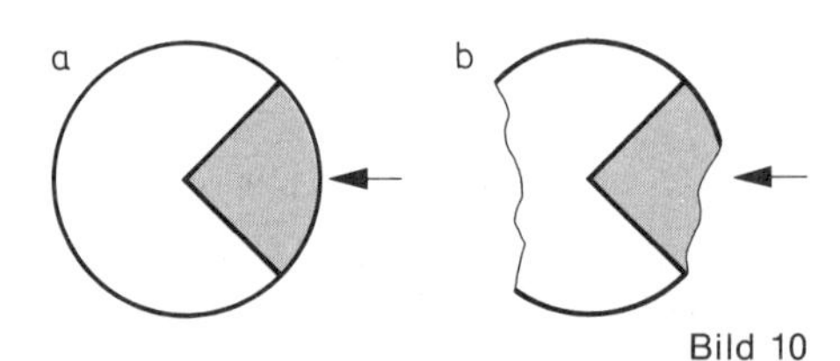

Bild 10

9. Würfeln Sie arbeitsteilig 1000mal mit 2 Würfeln, und notieren Sie dabei jeweils die Augensumme!
Bestimmen Sie zu jedem Ergebnis die relative Häufigkeit, indem Sie die absolute Häufigkeit durch die Gesamtanzahl, also durch 1000, teilen!
Tragen Sie alle Ergebnisse in die entsprechende Tabelle ein! Stellen Sie nun die relativen Häufigkeiten in einem Streckendiagramm dar, und sprechen Sie über diese Darstellung!

Ergebnis	2	3	4	5	...	...	12
absolute Häufigkeit							
relative Häufigkeit							

10. Verändern Sie die Gleichmäßigkeit eines Spielwürfels, indem Sie in eine beliebige Seite einen kleinen Nagel schlagen oder auf eine Seite ein kleines Stück Pappe aufkleben!
Würfeln Sie nun mit diesem Würfel 200mal, und notieren Sie die Anzahl der Dreien nach 10, 20, ..., 200 Würfen!
Stellen Sie die relative Häufigkeit h_n (3) in Abhängigkeit von der Anzahl der Würfe grafisch dar!

Die relative Häufigkeit eines Ereignisses kann zwar für verschiedene Versuchsserien der gleichen Länge verschieden groß sein, sie pegelt sich aber mit wachsender Beobachtungszahl immer wieder auf denselben Wert ein. Den stabilen Wert der relativen Häufigkeit nennt man **Wahrscheinlichkeit.** Diese Wahrscheinlichkeit existiert unabhängig vom Beobachter und unabhängig davon, ob der Versuch durchgeführt wird oder nicht.
Die Wahrscheinlichkeit eines Ereignisses läßt sich aus seiner relativen Häufigkeit abschätzen, wenn man nur oft genug den entsprechenden Vorgang wiederholt.

11. Schätzen Sie die Wahrscheinlichkeit für das Ereignis „Die Augensumme beim Würfeln mit 2 Würfeln ist 7"! Nehmen Sie Aufgabe 9 zu Hilfe!

12. Nehmen Sie ein Statistisches Jahrbuch zur Hand! Entnehmen Sie ihm die Anzahl der Lebendgeborenen sowie den entsprechenden Anteil der Jungen für einen Zeitraum von mehreren Jahren! Berechnen Sie jeweils die relative Häufigkeit der Jungengeburten!
Addieren Sie nun die entsprechenden Anzahlen (Jungengeburten bzw. Lebendgeborene) Jahr für Jahr, und bestimmen Sie auch hier nach jedem Jahr die relative Häufigkeit einer Jungengeburt!
Veranschaulichen Sie diesen Sachverhalt grafisch!
Schätzen Sie die Wahrscheinichkeit einer Jungengeburt!

13. Geben Sie Schätzwerte für die Wahrscheinlichkeit der Geburt von Zwillingen bzw. Drillingen in den neuen Bundesländern an! Nutzen Sie dazu nebenstehende Tabelle, die älteren statistischen Angaben über dieses Gebiet entstammt!

Jahr	Geburten	Zwill.	Drill.
1982	239 382	2 091	21
1983	233 077	1 968	14
1984	227 340	1 997	17
1985	226 715	2 068	23
1986	221 258	2 012	20
1987	225 030	1 992	27
1988	214 906	1 864	20
1989	197 952	1 827	11

14. Stefan spricht eine Sprache, die nur aus 6 Buchstaben besteht. Diese Buchstaben e, i, l, n, s, t kommen in seiner Sprache mit den folgenden relativen Häufigkeiten vor: e – 40%, i – 2%, l – 9%, n – 22%, s – 19%, t – 8%

Eines Tages hat er eine tolle Idee; er denkt sich eine Geheimschrift aus, indem er jedem Buchstaben seines Alphabets eine andere Ziffer zuordnet. Einer seiner verschlüsselten Texte lautet z. B.:
19219 18819 813219 1813, 1813 18819 19219 971.
Versuchen Sie diesen Text zu entschlüsseln, indem Sie die relative Häufigkeit des Auftretens der einzelnen Ziffern mit der relativen Häufigkeit der Buchstaben in Stefans Sprache vergleichen! (Tip: 3 ≙ l)

15. Nehmen Sie noch einmal die Angaben aus Aufgabe 7 (bzw. die selbst ermittelten Roulette-Ergebnisse) zur Hand!
Nehmen wir an, Sie haben während aller Spiele konsequent auf die Querreihe {7, 8, 9} gesetzt. Wie oft hätten Sie gewonnen? Geben Sie die relative Häufigkeit dieses Ereignisses an! Vergleichen Sie die relative Häufigkeit des Ereignisses {7, 8, 9} mit der Summe der relativen Häufigkeit der Ergebnisse 7, 8 bzw. 9!
Vergleichen Sie auch die relative Häufigkeit des Ereignisses {1, 2, 3, 4, 5, 6} (Sie haben auf 2 Querreihen gesetzt) mit der Summe der relativen Häufigkeiten der Ergebnisse 1, 2, 3, 4, 5 und 6!

Die **relative Häufigkeit eines Ereignisses** ist gleich der Summe der relativen Häufigkeiten der Ergebnisse, die für das Ereignis günstig sind.

16. Geben Sie für die Daten aus Aufgabe 7 die relativen Häufigkeiten folgender Ereignisse an:

- rote Zahl,
- ungerade Zahl,
- eine Zahl aus der Längsreihe unter der 3,
- eine Zahl aus dem unteren Dutzend (25 bis 36),
- eine Zahl aus der Querreihe neben der 31!

17. An einer Ampelkreuzung werden in der Hauptverkehrszeit die PKW gezählt, die während einer Grünphase in einer Richtung über die Kreuzung fuhren. Man erhielt folgende Häufigkeiten:

Anzahl der Autos	6	7	8	9	10	11	12	13	14	15	16
Wie oft beobachtet?	2	5	2	7	19	21	14	10	7	7	6

a) Berechnen Sie die relativen Häufigkeiten der Ergebnisse!
b) Berechnen Sie die relativen Häufigkeiten der folgenden Ereignisse!

A – Es fahren mindestens 10 Autos über die Kreuzung.
B – Es fahren höchstens 12 Autos über die Kreuzung.
$C = A \cap B$
$D = A \cup B$
$\bar{D}$
E – Es fahren weniger als 10 Autos über die Kreuzung.
F – Es fahren mehr als 12 Autos über die Kreuzung.
$G = E \cap F$
$H = E \cup F$

18. Bestimmen Sie die Häufigkeitsverteilung beim Würfeln mit einem Spielwürfel, indem Sie 100mal würfeln und die relativen Häufigkeiten aller möglichen Ergebnisse ermitteln!
Geben Sie für folgende Ereignisse die relativen Häufigkeiten an!

① Die Augenzahl ist gerade.
② Die Augenzahl ist ungerade.
③ Die Augenzahl ist Primzahl.
④ Die Augenzahl ist keine Primzahl.
⑤ Die Augenzahl ist 1, 2 oder 3.
⑥ Die Augenzahl ist 4, 5 oder 6.
⑦ Die Augenzahl ist 1, 2, 3, 4, 5 oder 6!

Vergleichen Sie jeweils die relativen Häufigkeiten des ersten und zweiten, des dritten und vierten bzw. des fünften und sechsten Ereignisses! Versuchen Sie eine allgemeine Aussage zu finden!
Warum ist die relative Häufigkeit des letzten Ereignisses gleich 1?

Die relative Häufigkeit des sicheren Ereignisses Ω, also der Ergebnismenge, ist gleich 1.
Die relativen Häufigkeiten eines Ereignisses A und des entsprechenden entgegengesetzten Ereignisses $\bar{A}$ ergänzen sich zu 1, d. h.

$h_n(\bar{A}) = 1 - h_n(A)$.

Berechnen von Wahrscheinlichkeiten

Die Wahrscheinlichkeit für das Eintreten eines Ereignisses ist häufig von großem Interesse. Nicht nur beim Glücksspiel, sondern auch bei vielen Gegebenheiten des täglichen Lebens wünscht man sich ein Maß für das Eintreten des einen oder anderen gewünschten oder befürchteten Ereignisses.
Ein Experiment, das Klarheit in dieser Frage bringen soll, ist nicht nur mühsam, sondern in vielen Fällen auch gar nicht durchführbar. Betrachten wir hierzu einige Beispiele!

1. Werfen Sie einen Würfel 100mal! Notieren Sie sich, wie oft dabei eine 3 bzw. eine 4 zu sehen war, und berechnen Sie die entsprechenden relativen Häufigkeiten (bzw. greifen sie auf ältere Wurfserien zurück)!
Vergleichen Sie die Wahrscheinlichkeiten für das Auftreten einer 3 bzw. einer 4, die Sie aus den relativen Häufigkeiten abschätzen können!

2. Ein kreisrundes, gut gelagertes Glücksrad sei in 8 gleiche Sektoren geteilt (↗ Bild 11). Würden Sie eher auf den Sektor 2 oder auf den Sektor 5 setzen?

3. Ein Schiedsrichter entscheidet mit Hilfe einer Münze, welche Fußballmannschaft mit dem Ball den Anstoß ausführt. Sollte Mannschaft A lieber Zahl oder besser Wappen wählen, um in den Vorteil des ersten Ballbesitzes zu kommen?

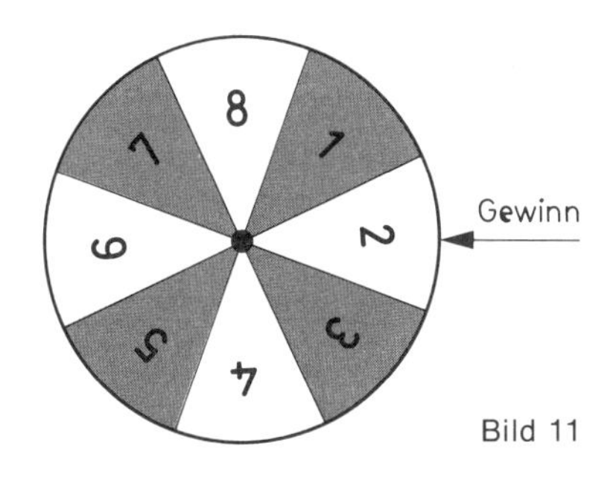

Bild 11

Den drei vorangehenden Situationen ist eines gemeinsam: Man kann davon ausgehen, daß alle möglichen Ergebnisse des Vorgangs mit gleicher Wahrscheinlichkeit auftreten.

Ist dies der Fall, so kann man die Wahrscheinlichkeit für jedes Ergebnis sehr leicht bestimmen.
Gibt es k Ergebnisse, so ist die Wahrscheinlichkeit eines jeden Ergebnisses gleich $\frac{1}{k}$, da ja $P(\Omega) = 1$.

4. Sind alle Ergebnisse, die zu einem der folgenden Vorgänge gehören, jeweils gleich wahrscheinlich?

a) Werfen zweier Würfel: $\Omega = \{2, 3, \ldots, 12\}$ (Augensumme)

b) Werfen zweier Würfel. Als Ergebnis gelte das Paar, an dessen erster Stelle die Augenzahl des ersten Würfels und an zweiter Stelle die des zweiten Würfels steht; also $\Omega = \{[1, 1], [1, 2], \ldots, [6, 6]\}$

c) Ziehen eines Loses aus einer Lotterie mit 200 durchnumerierten Losen: $\Omega = \{1, 2, \ldots, 200\}$

d) Werfen von drei Münzen. Beobachtet wird die Anzahl der Wappen $\Omega = \{0, 1, 2, 3\}$

e) Geburt eines Kindes. $\Omega_1 = \{m, w\}$; $\Omega_2 = \{x \mid x \in (500\text{ g}, 20\,000\text{ g})\}$

f) Lotto-Ziehung. Die erste gezogene Zahl ist von Interesse: $\Omega = \{1, 2, \ldots, 49\}$.

g) Ziehen einer Kugel aus einer Urne mit zwei roten und drei weißen Kugeln: $\Omega = \{\text{rot, weiß}\}$.

h) Auswahl eines beliebigen Menschen. Es interessiert, in welchem Monat bzw. an welchem Wochentag er Geburtstag hat.

5. Mit wie vielen Sechsen rechnen Sie, wenn sie einen normalen Spielwürfel 1000mal werfen?

6. Wird beim Wurf eines Tetraeders (↗ Bild 12) eher eine gerade oder eine ungerade Zahl unten liegen?

Bild 12

Die Eigenschaften der relativen Häufigkeit werden bei sehr großen Versuchsanzahlen an die Wahrscheinlichkeit „vererbt". Deshalb genügt es, zur **Berechnung der Wahrscheinlichkeit eines Ereignisses** die Wahrscheinlichkeiten der Ergebnisse zu summieren, die das Ereignis beinhaltet.
Ein Vorgang habe k gleich wahrscheinliche Ergebnisse. Wenn für ein Ereignis A genau s dieser Ergebnisse günstig sind, so ist die Wahrscheinlichkeit von A gleich dem s-fachen der Wahrscheinlichkeit eines einzelnen Ergebnisses, also

$$P(A) = s \cdot \frac{1}{k}.$$

BEISPIEL:

Nehmen wir an, daß beim Roulette auf „4 Zahlen" gesetzt wurde. Der Spieler gewinnt bei genau 4 möglichen Ergebnissen. Da nun jede Zahl mit der Wahrscheinlichkeit $\frac{1}{37}$ gezogen wird (denn es gibt 37 gleich wahrscheinliche Ausfälle), beträgt die Wahrscheinlichkeit, daß der Spieler gewinnt $4 \cdot \frac{1}{37}$, also 0,11.

7. Wie groß ist die Wahrscheinlichkeit, beim Drehen eines gut gelagerten, in acht gleiche Teile geteilten Glücksrades, den Sektor 2 zu treffen?

8. Auf dem Tisch stehen sechs Töpfe, die jeweils eine bestimmte Anzahl von roten und weißen Kugeln enthalten (↗ Bild 13).

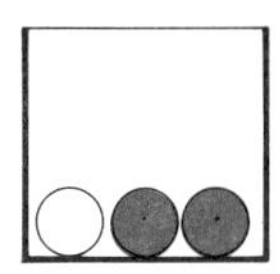 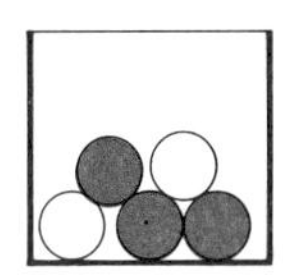 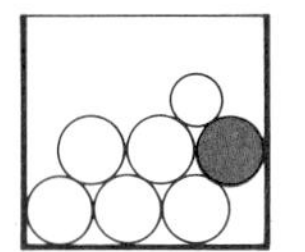 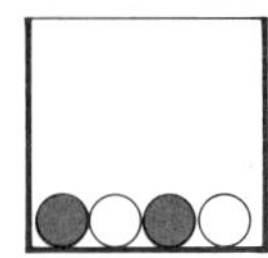 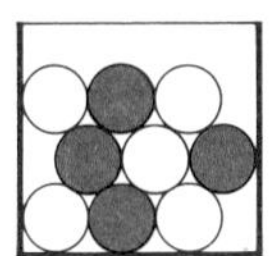 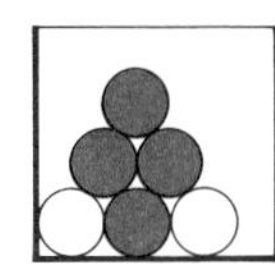

Bild 13

Welchen Topf würden Sie wählen, wenn Sie mit geschlossenen Augen eine rote (eine weiße) Kugel ziehen sollten, um zu gewinnen? (Bei welchem Topf ist die Wahrscheinlichkeit, eine rote (eine weiße) Kugel zu ziehen, am größten?)

9. Ein Dieb wurde auf frischer Tat ertappt. Der Richter ist jedoch freundlich und will dem Dieb noch eine Chance lassen. Er stellt ihm zwei Urnen mit Kugeln hin (↗ Bild 14). Der Dieb darf sich eine Urne auswählen und muß dann mit geschlossenen Augen eine Kugel daraus ziehen. Ist diese rot, so wird er freigelassen.

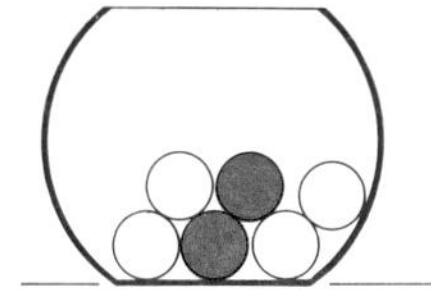 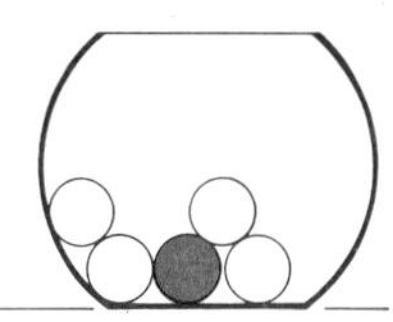

Bild 14

a) Welche Urne würden Sie wählen, wenn Sie der Dieb wären?
b) Der Richter will die Chance des Diebes noch vergrößern und gestattet ihm, vorher noch zwei Kugeln der ersten Urne mit zwei Kugeln der zweiten Urne zu vertauschen.
Welche Kugeln würden Sie austauschen?

10. Wie groß ist die Wahrscheinlichkeit, mit einem normalen Spielwürfel

a) eine 4 oder 5,
b) eine gerade Zahl oder eine Primzahl,
c) eine Zahl, die durch 2 und 3 teilbar ist,
d) eine Zahl, die größer als 3 und kleiner 4 ist,
e) eine Zahl, die kleiner als 4 oder gleich 6 ist,

zu würfeln?

11. Wie groß ist die Wahrscheinlichkeit folgender Ereignisse beim Werfen zweier verschiedenartiger Würfel?

A: Beide Würfel zeigen die gleiche Augenzahl an.
B: Die Augenzahl des zweiten Würfels teilt die des ersten Würfels.
C: Die Augensumme ist eine Primzahl.
D: Der erste Würfel zeigt eine durch 4 teilbare und der zweite eine gerade Zahl.

Da sich die Wahrscheinlichkeit bei Vorgängen mit gleich wahrscheinlichen Ergebnissen aus dem Quotienten der Anzahl der günstigen und der Anzahl der möglichen Ergebnisse berechnet, benötigt man oft die Anzahl der Elemente von endlichen Mengen, nämlich der Ergebnismenge, und des interessierenden Ereignisses.

12. Vier Jungen wollen bei einem Wettkampf als 4 × 100 m-Staffel antreten. Jeder von ihnen möchte am liebsten als erster laufen. Sie können sich nicht einigen und wollen deshalb losen. Wie viele Möglichkeiten für die Reihenfolge der vier gibt es?

Wenn man die Reihenfolge für n Elemente festlegen möchte, gibt es für den ersten Platz genau n Möglichkeiten, denn jedes der n Elemente kann dort stehen. Wenn der erste Platz festgelegt ist, gibt es für den zweiten Platz nur noch $(n - 1)$ Möglichkeiten, denn ein Element besetzt ja bereits den ersten Platz. Für jeden weiteren Platz gibt es nun immer eine Möglichkeit weniger für dessen Besetzung, und für den letzten Platz gibt es nur noch eine Möglichkeit, denn es ist nur ein Element übriggeblieben.
Insgesamt gibt es $n \cdot (n - 1) \cdot \ldots \cdot 2 \cdot 1$ Möglichkeiten der Anordnung der n Elemente.

Eine Anordnung von n Elementen auf n Positionen nennt man **Permutation.** Die Anzahl der Permutationen einer Menge mit n Elementen ergibt sich aus

$n \cdot (n - 1) \cdot (n - 2) \cdot \ldots \cdot 2 \cdot 1$. Man schreibt auch $n!$ und spricht: n Fakultät.

Beispiel

Dieser Sachverhalt wird nun am Beispiel der Aufgabe 12 mit Hilfe eines Baumdiagramms verdeutlicht. Die vier Jungen werden dabei mit A, B, C bzw. D bezeichnet und die Positionen beim Lauf werden – beginnend beim Startläufer – durchnumeriert.

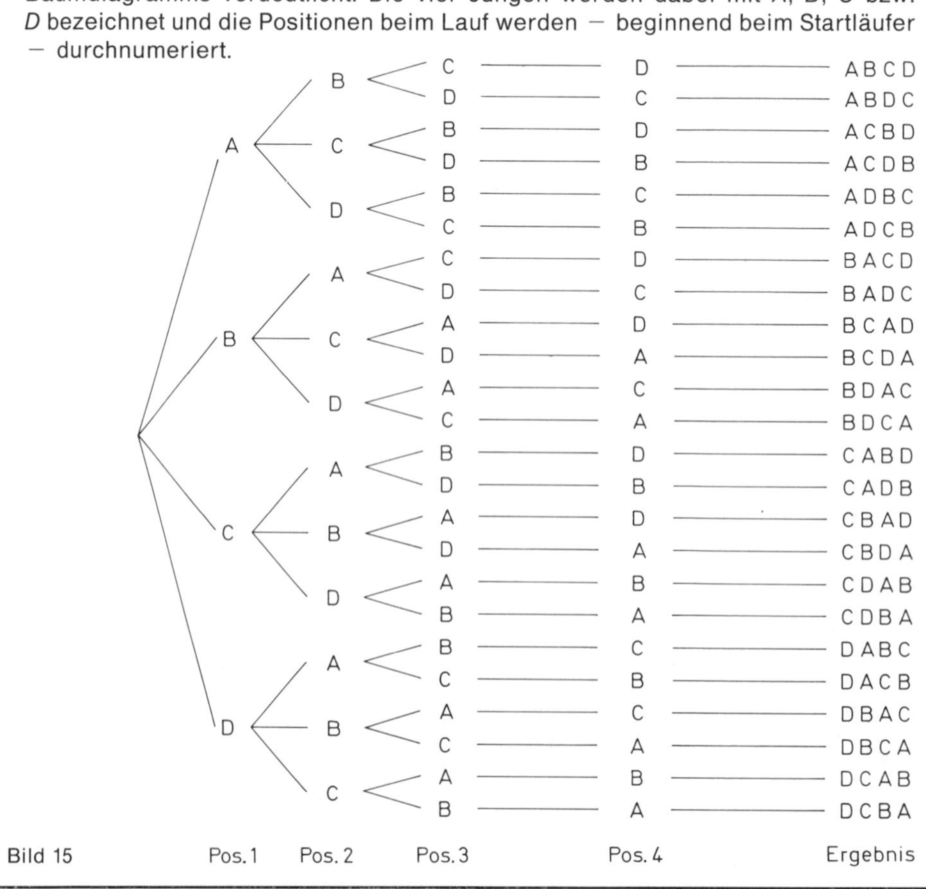

Bild 15

Jeder der Jungen kann an Position 1 laufen. Steht aber fest, wer zuerst läuft, gibt es für die zweite Position nur noch 3 Möglichkeiten der Besetzung; der Startläufer kann ja nicht zweimal hintereinander laufen.
Sind schließlich auch die Positionen 2 und 3 besetzt, so bleibt dem vierten Jungen nur noch die Position des Schlußmanns.
Insgesamt gibt es also $4! = 4 \cdot 3 \cdot 2 \cdot 1 = 24$ Möglichkeiten für die Reihenfolge der vier Jungen innerhalb ihrer Staffel.

13. Bei einem 5000 m-Lauf sind 5 Läufer am Start. Wie viele Möglichkeiten für den Zieleinlauf gibt es?

14. 10 Personen sollen sich namentlich in eine Liste eintragen. Wieviel Eintragungsmöglichkeiten gibt es?

15. Wieviel Wörter kann man aus den 6 Buchstaben a, b, e, f, n, s bilden, wenn kein Buchstabe doppelt vorkommen soll? (Der Sinn des Wortes und die Aussprachefähigkeit sollen bei dieser Überlegung keine Rolle spielen.)

16. Ein Arzt muß auf seiner Hausbesuchstour 9 Patienten besuchen. Wieviel Möglichkeiten hat er für die Reihenfolge der Krankenbesuche?

17. Wieviel verschiedene fünfstellige Zahlen kann man aus 5 Ziffern bilden, wenn keine Ziffer doppelt vorkommen soll?
Wie ändert sich die Anzahl, wenn Ziffern auch mehrfach auftreten können? (*Hinweis:* Überlegen Sie, wieviel Möglichkeiten es für jede einzelne Stelle gibt!)

18.* Für die deutschen Autonummern wurde das folgende System entwickelt: Zuerst stehen 1 bis 3 Buchstaben, die den Ort bzw. den Kreis bezeichnen. Dann folgen 1 oder 2 Buchstaben und den Abschluß bilden 1 bis 4 Ziffern.
Wieviel verschiedene Autonummern kann man auf diese Weise in einem bestimmten Kreis (bzw. in einem bestimmten Ort) höchstens ausgeben?

L-AC 3718

Bild 16

19. Wieviel Möglichkeiten gibt es, aus einer Urne mit 5 numerierten Kugeln zwei Kugeln nacheinander herauszunehmen, wenn die Kugeln nicht zwischendurch wieder zurückgelegt werden?

Das Bild 17 veranschaulicht den Sachverhalt aus Aufgabe 19 mit Hilfe eines Baumdiagramms.
Jedem Weg entspricht hier ein Ergebnis. Insgesamt gibt es also 20 Möglichkeiten: Für die erste Kugel 5 und für die zweite Kugel jeweils 4 Möglichkeiten, denn eine Kugel ist ja bereits nicht mehr in der Urne.

Bild 17

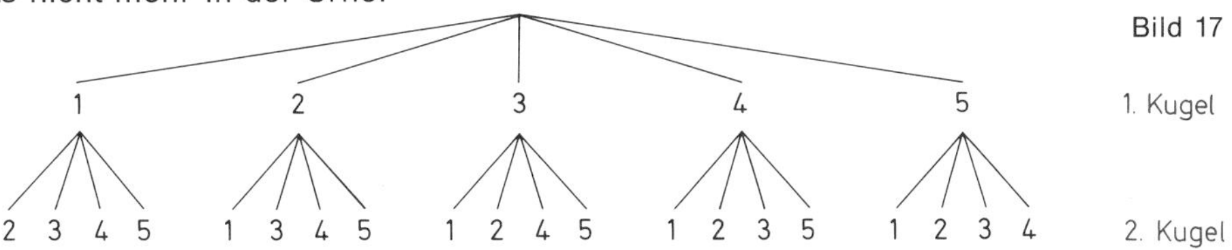

Allgemein gilt:

Sollen aus n Elementen nacheinander k Elemente ausgewählt werden, so gibt es für die erste Auswahl n Möglichkeiten, für die zweite $(n-1)$ Möglichkeiten usw. Bei der Auswahl des k-ten Elements stehen gerade noch $n-k+1$ Elemente zur Verfügung.

Es gibt also $n \cdot (n-1) \cdot \ldots \cdot (n-k+1) = \frac{n!}{(n-k)!}$ Möglichkeiten der **Auswahl von k Elementen aus n möglichen,** wenn die Reihenfolge berücksichtigt wird.

Wird dagegen die Reihenfolge der Auswahl nicht berücksichtigt, also werden z. B. die k Elemente auf einmal „gezogen“, so fallen diejenigen Ergebnisse zusammen, die durch Vertauschen der Elemente auseinander hervorgehen, d. h., es fallen gerade jeweils $k!$ Ergebnisse zusammen.

Es gibt also $\frac{n!}{(n-k)!\ k!}$ Möglichkeiten,
k aus n Elementen ohne Berücksichtigung der Reihenfolge auszuwählen.

Den Quotienten $\frac{n!}{(n-k)! \cdot k!}$ nennt man **Binomialquotienten** und schreibt ihn $\binom{n}{k}$.

Für unser im Bild 17 veranschaulichtes Beispiel (Aufgabe 19) würden dementsprechend die Ergebnisse (1, 2) und (2, 1), (1, 3) und (3, 1), ..., (4, 5) und (5, 4) zusammenfallen (↗ Bild 18). Die Anzahl der Möglichkeiten halbiert sich also:

Bild 18

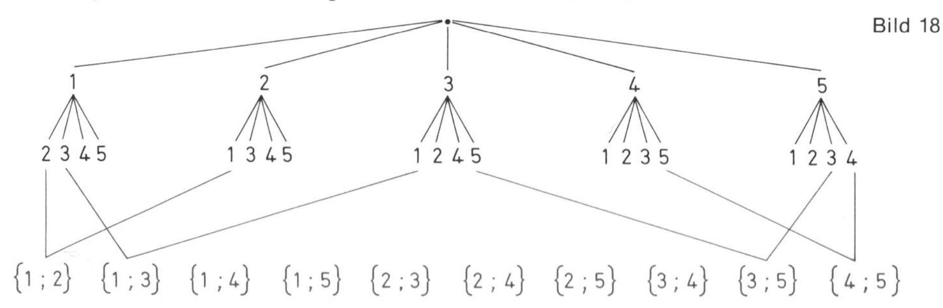

Bisher haben wir das Ziehen von Kugeln ohne Zurücklegen (mit oder ohne Berücksichtigung der Reihenfolge) betrachtet.
Wandeln wir unser Beispiel (2 von 5 Kugeln ziehen) noch etwas ab: Die Kugeln werden einzeln gezogen und jeweils nach dem Ziehen wieder zurückgelegt (↗ Bild 19).

Bild 19

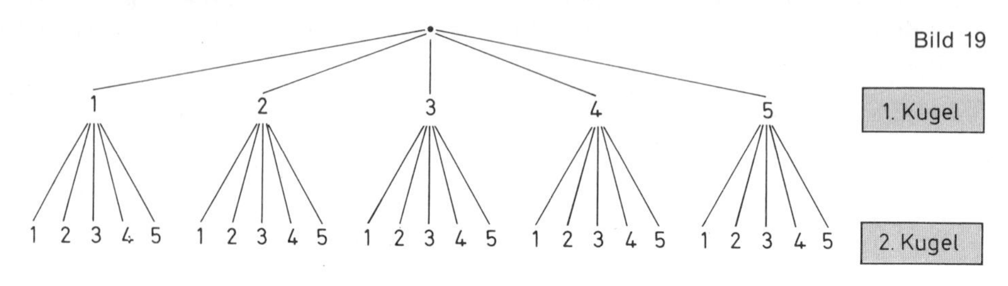

Sowohl beim ersten als auch beim zweiten Ziehen stehen alle 5 Kugeln zur Verfügung. Dementsprechend gibt es $5 \cdot 5 = 25$ Möglichkeiten, 2 Kugeln aus 5 möglichen Kugeln mit Zurücklegen zu ziehen.

Allgemein gilt:

> Wenn aus n Kugeln nacheinander k-mal eine Kugel gezogen und dann wieder zurückgelegt wird, so gibt es n^k Möglichkeiten.

20. Beim Sportunterricht, an dem 24 Schüler teilnehmen, sollen 2 Schüler zum Aufbauen der Turngeräte eingeteilt werden. Wie viele Möglichkeiten stehen zur Auswahl?

21. Wir sind auf der Rennbahn und interessieren uns für die drei Erstplazierten unter 10 Pferden.

a) Wieviel verschiedene Tips gibt es, wenn die Reihenfolge, in der die Pferde durchs Ziel gehen, nicht berücksichtigt wird?
b) Wieviel verschiedene Tips sind es, wenn die Reihenfolge doch berücksichtigt werden soll?

22. Ein roter, ein grüner und ein blauer Würfel werden geworfen (↗ Bild 20).
Wieviel Möglichkeiten gibt es für die 3 gewürfelten Augenzahlen?
Wieviel davon zeigen auf jedem Würfel eine andere Augenzahl?

23. Für welche der folgenden Auswahlen gibt es mehr Möglichkeiten:
– für die Auswahl von 2 Personen aus einer Gruppe von 8,
oder
– für die Auswahl von 6 Personen aus einer Gruppe von 8?

24. Wieviel Möglichkeiten gibt es, 8 Türme so auf ein Schachbrett zu setzen, daß kein Turm einen anderen schlagen kann (↗ Bild 21)?

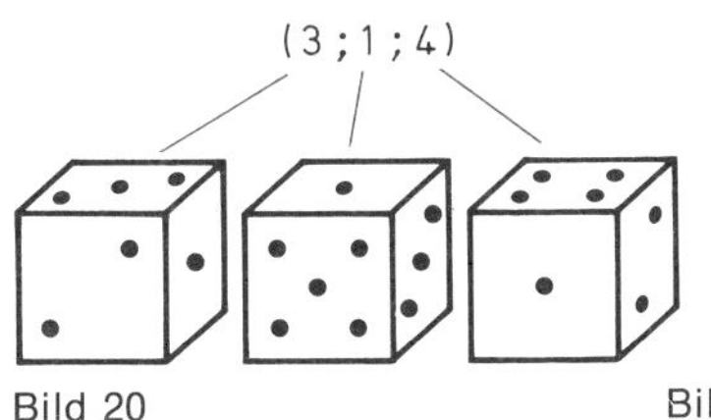

Bild 20

Bild 21

25. An einem Volleyball-Wettkampf beteiligen sich 16 Mannschaften. Wieviel Spiele sind auszutragen, wenn jede Mannschaft gegen jede spielen soll?
Wieviel Spiele sind es, wenn durchgängig nach dem k.o.-System gespielt wird, also nur der Meister ermittelt wird?

26. Eine Münze wird fünfmal hintereinander geworfen. Nach jedem Wurf wird notiert, ob Zahl (Z) oder Wappen (W) oben liegt. Als Ergebnis dieses Vorgangs erhält man eine Folge von 5 Zeichen, z. B. (ZZWZW).

a) Wieviel derartige Folgen sind überhaupt möglich?
b) Wieviel Folgen gibt es, in denen genau zweimal Z registriert wurde?

27. Bei einer statistischen Qualitätskontrolle wird aus einer Produktionsserie eine bestimmte Anzahl Erzeugnisse ausgewählt und untersucht. Aus dem Ergebnis der Stichprobenuntersuchung schließt man dann auf die Qualität der ganzen Serie. Wieviel verschiedene Stichproben gibt es bei einer Produktionsserie von 100 Stück, wenn die Stichprobe aus 2 Stück besteht?

28. Aus einer Sendung von 90 Batterien werden zu einer Stichprobenprüfung 4 willkürlich herausgegriffen.
Wieviel Auswahlmöglichkeiten gibt es?

29. Ein Versorgungsfahrzeug soll von einem Großhandelslager aus nacheinander 6 verschiedene Verkaufsstellen anfahren.
Wieviel Möglichkeiten einer Versorgungstour gibt es?

30. Wieviel verschiedene dreistreifige Flaggen können aus 7 Farben zusammengestellt werden (↗ Bild 22)?

31. In einer Stadt möge es 5stellige Telefonnummern geben.

a) Wieviel Anschlüsse können in dieser Stadt insgesamt vergeben werden, wenn an der ersten Stelle keine 0 stehen darf?

b) Wieviel dieser Anschlüsse bestehen jeweils nur aus verschiedenen Ziffern?

32. Die Grundform bei der Braille-Blindenschrift besteht aus einem Rechteck, das aus 6 Punkten gebildet wird. Jeder Buchstabe wird durch 1 bis 6 Punkte gebildet, von denen jeder an eine bestimmte Stelle des Schemas gesetzt wird (ein- oder hochgedrückt; vgl. mit Bild 23).
Wieviel Zeichen kann man auf diese Art und Weise bilden?

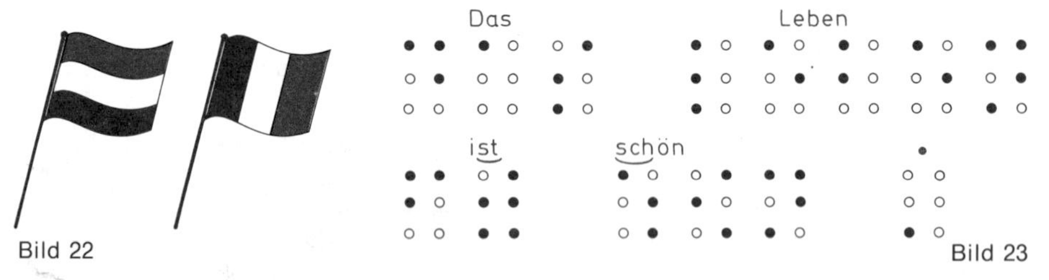

Bild 22

Bild 23

33. Wieviel verschiedene Initialen (z. B. **K**arl **M**üller: K. M.) können aus 2 Buchstaben (aus 3 Buchstaben) gebildet werden?

34. Wie lang muß ein Alphabet sein, damit 1 Million Menschen durch 3buchstabige Initialen identifiziert werden können? (Vgl. Kurt Friedrich Nebel: K. F. N.)

35. 9 Kinder stehen im Kreis und spielen Ball. Wieviel verschiedene Strecken kann der Ball zurücklegen, wenn eine Strecke den Weg von Kind zu Kind darstellt?

36. Ein Alphabet bestehe aus den Buchstaben A und B.
Wieviel Wörter mit 4 Buchstaben gibt es in diesem Alphabet? Berechnen Sie auch die Anzahl der Wörter mit 8, 12 und 16 Buchstaben!

37.* In einem Krankenhaus sollen 16 Krankenschwestern zu zweit zum Dienst auf 8 Stationen eingeteilt werden.

a) Wieviel Möglichkeiten hat die Oberschwester für den Dienstplan?
b) Wieviel Möglichkeiten verbleiben noch, wenn die Krankenschwestern Ina und Karin auf gar keinen Fall auf der Intensiv-Station und die Krankenschwestern Sabine und Anke unbedingt auf der Wochen-Station arbeiten wollen?

38. Sie haben sich von einer 7stelligen Telefonnummer nur die erste und die letzte Zahl merken können. Dunkel erinnern Sie sich auch noch daran, daß außerdem die Ziffern 3, 4, 4, 6 und 9 auftraten, aber die Reihenfolge dieser 5 Ziffern in der Mitte wissen Sie nicht mehr. Wieviel Telefongespräche müßten Sie maximal führen, um die richtige Telefonnummer herauszufinden?

39. 18 Schüler (8 Mädchen und 10 Jungen) bewerben sich in einem Betrieb für einen Ferienjob. Der Betrieb kann die Schüler für drei Arbeiten einsetzen, und zwar bei der ersten Arbeit 3 Mädchen, bei der zweiten 5 Jungen und bei der dritten 4 Mädchen oder Jungen. Wieviel Einstellungsmöglichkeiten gibt es?

40. In einer Internatswohnung stehen 2 Dreibett- und 1 Zweibettzimmer zur Verfügung. In die Wohnung ziehen 8 Jungen ein.
Wieviel Möglichkeiten der Zimmerbelegung gibt es?

41.* Wieviel verschiedene Farbmuster ergeben sich, wenn
a) 8 verschiedenfarbige Perlen,
b) 4 rote, 2 weiße und 2 grüne Perlen
aneinandergereiht werden (↗ Bild 24)?

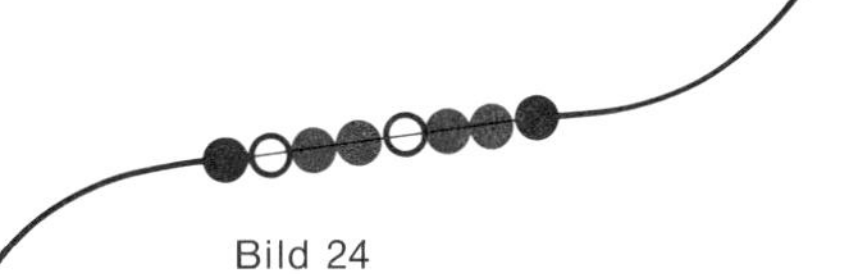
Bild 24

42.* Fünf Ehepaare haben einen Tennisplatz gemietet.

a) Als erstes soll ein gemischtes Doppel gespielt werden. Wieviel Möglichkeiten für die Auswahl der ersten vier Spieler gibt es?
b) Geben Sie auch die Anzahl der Möglichkeiten an, wenn gefordert wird, daß nicht beide Partner eines Ehepaares im ersten Match spielen (sowie wenn nicht beide Partner eines Paares auf einer Seite spielen) dürfen?

Mit Hilfe der jeweils vorhandenen Anzahl der Elemente von Mengen kann man also die Wahrscheinlichkeiten von Ereignissen bestimmen, indem man die Anzahl der günstigen Fälle durch die Anzahl aller möglichen Fälle dividiert. Vorausgesetzt wird dabei, daß es sich um einen Versuch mit gleichwahrscheinlichen Ergebnissen handelt.

BEISPIEL
Gesucht ist die Wahrscheinlichkeit für 5 Richtige beim Lotto 6 aus 49.
Zuerst überlegt man, wieviel günstige Fälle es gibt. Fünf der sechs getippten Zahlen müssen gezogen werden. Es ist also zu berechnen, wieviel Möglichkeiten es gibt, 5 Zahlen aus 6 „getippten" Zahlen und eine Zahl aus 43 „nicht getippten" Zahlen auszuwählen. Dafür gibt es $\binom{6}{5} \cdot \binom{43}{1} = 258$ Möglichkeiten. Es gibt also 258 günstige Fälle.
Andererseits ist zu berechnen, wieviel Möglichkeiten es gibt, 6 Zahlen aus 49 möglichen Zahlen zu ziehen.

Dafür gibt es

$$\binom{n}{k} = \binom{49}{6} = \frac{49 \cdot 48 \cdot 47 \cdot 46 \cdot 45 \cdot 44}{1 \cdot 2 \cdot 3 \cdot 4 \cdot 5 \cdot 6} = 13\,983\,816$$

Möglichkeiten.
Für die Wahrscheinlichkeit eines Fünfers beim Lotto 6 aus 49 gilt also:

$$\frac{\text{Anzahl der günstigen Fälle}}{\text{Anzahl der möglichen Fälle}} = \frac{5}{13\,983\,816}.$$

Die gesuchte Wahrscheinlichkeit beträgt also:

$$\frac{5}{13\,983\,816} = 0{,}0000184.$$

43. Mit welcher Wahrscheinlichkeit werden bei der nächsten Ziehung alle 6 Zahlen gezogen, die Sie jetzt auf einem Lotto-Schein ankreuzen würden?

44. Berechnen Sie die Wahrscheinlichkeit, daß Sie bei der nächsten Lotto-Ziehung einen Vierer haben!

1. + 2. TIP							3. + 4. TIP							5. + 6. TIP						
1	2	3	4	5	6	7	1	2	3	4	5	6	7	1	2	3	4	5	6	7
8	9	10	11	12	13	14	8	9	10	11	12	13	14	8	9	10	11	12	13	14
15	16	17	18	19	20	21	15	16	17	18	19	20	21	15	16	17	18	19	20	21
22	23	24	25	26	27	28	22	23	24	25	26	27	28	22	23	24	25	26	27	28
29	30	31	32	33	34	35	29	30	31	32	33	34	35	29	30	31	32	33	34	35
36	37	38	39	40	41	42	36	37	38	39	40	41	42	36	37	38	39	40	41	42
43	44	45	46	47	48	49	43	44	45	46	47	48	49	43	44	45	46	47	48	49
1	2	3	4	5	6	7	1	2	3	4	5	6	7	1	2	3	4	5	6	7
8	9	10	11	12	13	14	8	9	10	11	12	13	14	8	9	10	11	12	13	14
15	16	17	18	19	20	21	15	16	17	18	19	20	21	15	16	17	18	19	20	21
22	23	24	25	26	27	28	22	23	24	25	26	27	28	22	23	24	25	26	27	28
29	30	31	32	33	34	35	29	30	31	32	33	34	35	29	30	31	32	33	34	35
36	37	38	39	40	41	42	36	37	38	39	40	41	42	36	37	38	39	40	41	42
43	44	45	46	47	48	49	43	44	45	46	47	48	49	43	44	45	46	47	48	49

BITTE NICHT ÜBER DIESE LINIE SCHREIBEN

Name:

Straße:

PLZ: Ort:

BITTE NICHT UNTER DIESE LINIE SCHREIBEN

LOTTO Mittwoch

Normal

Bild 25

45. Eine Schreibmaschine hat 44 Tasten. Der kleine Felix tippt 5 verschiedene Tasten auf gut Glück. Wie groß ist die Wahrscheinlichkeit, daß er das Wort „Felix" tippt? (Bedenken Sie, daß die Reihenfolge zu beachten ist!)

46. In einem Teich befindet sich eine unbekannte Anzahl von Karpfen. Man fängt 1000 Stück, kennzeichnet sie und läßt sie wieder in den Teich zurück. Nach einiger Zeit fängt man 150 Karpfen und stellt fest, daß unter ihnen 10 markierte sind. Wieviel Karpfen befinden sich mindestens in diesem Teich?

Wie groß ist die Wahrscheinlichkeit, einen markierten Fisch zu fangen, wenn sich tatsächlich diese Mindestanzahl von Karpfen im Teich befindet und 1000 davon markiert sind?

47. Das Knobelspiel „Schere-Stein-Papier" wird bestimmt durch gleichzeitiges Zeigen bestimmter Handzeichen von 2 Leuten.
Dabei gewinnt

- „Schere" gegen „Papier",
- „Papier" gegen „Stein",
- „Stein" gegen „Schere".

Zeigen beide das gleiche Zeichen, endet die Runde unentschieden.
Mit welcher Wahrscheinlichkeit gewinnt Spieler A bzw. gewinnt Spieler B nicht bzw. endet es unentschieden, wenn jeder Spieler willkürlich ein Zeichen zeigt?

Möchte man die Wahrscheinlichkeit von Ereignissen berechnen, die bei mehrstufigen Vorgängen auftreten, so ist es günstig, den gegebenen Sachverhalt mit Hilfe eines Baumdiagramms zu veranschaulichen.
Ist beispielsweise die Wahrscheinlichkeit dafür gesucht, daß aus einer Urne mit 3 weißen und 2 roten Kugeln zwei rote Kugeln gezogen werden, so könnte das folgendermaßen aussehen:

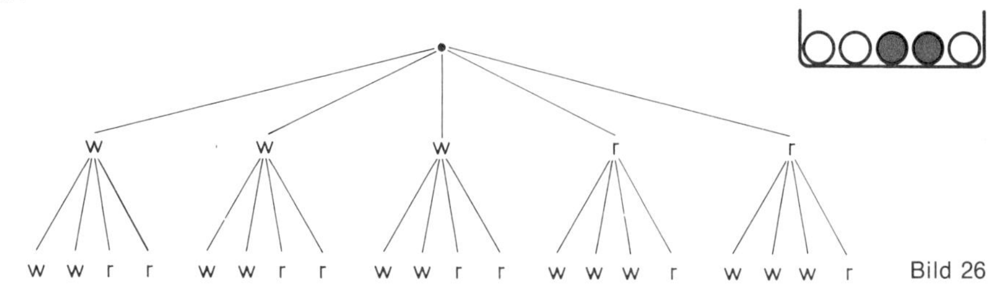

Bild 26

Nun kann man die Anzahl der „günstigen" Wege bestimmen, also hier diejenigen, die zweimal „rot" beinhalten, und durch die Anzahl der möglichen Wege teilen, um die gesuchte Wahrscheinlichkeit zu erhalten. In diesem Fall gibt es 2 „günstige" Wege (farbig gekennzeichnet) und 20 mögliche Wege. Die Wahrscheinlichkeit für das Ereignis „2 rote Kugeln" beträgt also 0,1.

48. Wie groß ist die Wahrscheinlichkeit der folgenden Ereignisse, bezogen auf das vorhergehende Beispiel?

A: Beide Kugeln sind weiß.
B: Die Kugeln sind verschiedenfarbig.
C: Die erste Kugel ist weiß.
D: Die zweite Kugel ist rot.

Sieht man sich das Baumdiagramm im Bild 26 genau an, so kann man feststellen, daß die linken 3 Hauptäste (erste Kugel ist weiß) übereinstimmen, ebenso die rechten beiden.
Man kann aus diesem Grund das Baumdiagramm auch einfacher darstellen:

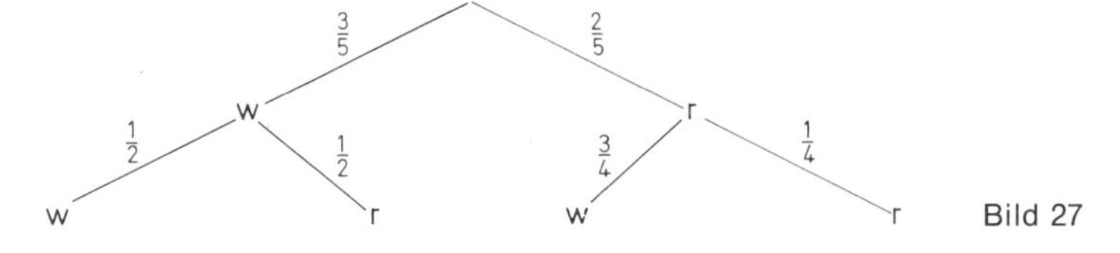

Bild 27

In diesem Baumdiagramm gibt es nur unterscheidbare Wege, die allerdings nicht mehr alle gleich wahrscheinlich sind. Deshalb schreibt man an jeden Weg die entsprechende Wahrscheinlichkeit.
Ganz wichtig ist hier die Unterscheidbarkeit der einzelnen Wege, d. h., es darf kein Ergebnis geben, das sowohl dem einen als auch dem anderen Weg zugeordnet werden kann.
Will man nun mit Hilfe dieses Baumdiagramms Wahrscheinlichkeiten für Ereignisse berechnen, so sind die nachstehenden Regeln zu beachten:

Pfadregel:
Die Wahrscheinlichkeiten entlang eines Weges (Pfades) multiplizieren sich.

Summenregel:
Die Wahrscheinlichkeiten verschiedener Wege addieren sich.

BEISPIEL
Wir betrachten die zuvor behandelte Aufgabe und das Bild 27:
Der im Bild 27 farbig dargestellte Weg ist hier der günstige, denn es sollen ja zwei rote Kugeln gezogen werden. Die Wahrscheinlichkeit für diesen Weg beträgt nach der Pfadregel

$$\frac{2}{5} \cdot \frac{1}{4} = \frac{2}{20} = 0{,}1 .$$

Wir haben also tatsächlich die gleiche Wahrscheinlichkeit erhalten, wie bei der gewöhnlichen Auszählmethode.

49. Aus einer Urne mit 3 weißen und 2 roten Kugeln werden 2 Kugeln gezogen. Berechnen Sie mit Hilfe von Pfad- und Summenregel die Wahrscheinlichkeiten folgender Ereignisse:

A: Beide Kugeln sind weiß.
B: Die Kugeln sind verschiedenfarbig.
C: Die erste Kugel ist weiß.
D: Die zweite Kugel ist rot.

Vergleichen Sie die Ergebnisse mit den entsprechenden aus Aufgabe 48!

50. Ein Gefäß enthält 12 rote, 4 schwarze und 4 weiße Kugeln.
Wie groß ist die Wahrscheinlichkeit, mit einem Griff eine rote und eine weiße Kugel zu ziehen?

51. Eine unbeschädigte (echte) Münze wird sechsmal geworfen. Als Ergebnis notieren wir die Wurffolgen.
Welches Ergebnis ist wahrscheinlicher, WZZWZW oder WWWWZW?

52. Eine Münze wird dreimal geworfen. Berechnen Sie die Wahrscheinlichkeiten der folgenden Ereignisse!

A: Es wird nur „Wappen" geworfen.
B: Es tritt keinmal „Wappen" auf.
C: „Zahl" wird genau zweimal geworfen.
D: Es wird höchstens einmal „Zahl" geworfen.
E: Jede Seite wird wenigstens einmal geworfen.

53. Wie groß ist die Wahrscheinlichkeit, daß eine Familie mit 3 Kindern Kinder beiderlei Geschlechts bzw. höchstens ein Mädchen hat, wenn die Wahrscheinlichkeit für eine Jungengeburt 0,514 ist?

54. Betrachten Sie die folgende Statistik über die Diabetes-Patienten (Zuckerkranke) eines großen Krankenhauses während eines Jahres zur Frage, ob die Eltern ebenfalls Diabetes haben.

Alter der Patienten	Leichte Fälle		Schwere Fälle	
	Ja	Nein	Ja	Nein
unter 40 Jahre	15	10	8	2
40 Jahre und älter	15	20	20	10

Die beobachteten relativen Häufigkeiten werden als Wahrscheinlichkeiten angenommen. Die folgenden Ereignisse werden betrachtet.

A: Der Patient ist ein schwerer Fall.
B: Der Patient ist unter 40 Jahre.
C: Die Eltern des Patienten sind Diabetiker.

Berechnen Sie die Wahrscheinlichkeiten von

a) A, **b)** B, **c)** $B \cap C$, **d)** $A \cap B \cap C$, **e)** $\bar{A} \cap \bar{B}$, **f)** $\bar{A} \cup \bar{C}$,
g) $\bar{A} \cap \bar{B} \cap \bar{C}$!

55. Wie groß ist die Wahrscheinlichkeit dafür, daß zwei beliebige Personen im gleichen Monat Geburtstag haben?

56 Bei einer Lotterie wird eine 5stellige Gewinnzahl durch Ziehen ohne Zurücklegen gezogen, wobei sich zu Beginn jede Ziffer genau 5mal in der Lostrommel befindet.

a) Welche Losnummern sind möglich?
b) Sind alle diese Losnummern gleich wahrscheinlich?
c) Berechnen Sie die Wahrscheinlichkeit der Nummern 24680 bzw. 23224!

57. Vier Jungen liebäugeln mit dem gleichen Mädchen. Nun wollen sie gemeinsam zur Disco gehen, aber nur einer der vier kann das Mädchen einladen. Deshalb fertigen sie sich vier Lose an, einen Gewinn und drei Nieten. Sie können sich allerdings nicht einigen, in welcher Reihenfolge sie die Lose ziehen. Ist der Streit berechtigt?

58. Zwei Spieler ziehen abwechselnd und ohne hinzuschauen eine Kugel aus einem Gefäß mit einer weißen und einer roten Kugel, legen sie zurück und mischen. Sieger ist, wer als erster eine weiße Kugel zieht. Haben beide Spieler die gleiche Chance zu gewinnen?

59. Bei einer Lotterie wird angekündigt, daß „jedes vierte Los gewinnt".
Was bedeutet diese Aussage?
Wie groß ist die Wahrscheinlichkeit, daß wenigstens ein Los gewinnt, wenn man vier Lose kauft?

60. Wie groß ist die Wahrscheinlichkeit, daß 7 zufällig ausgewählte Schüler an 7 verschiedenen Wochentagen Geburtstag haben?

61. Ein Fahrradschloß besitzt 3 Ziffernringe zu je 10 Ziffern und läßt sich nur bei einer einzigen Ziffernkombination öffnen (↗ Bild 28). Wie groß ist die Wahrscheinlichkeit, daß ein Dieb bei einer einzigen Einstellung auf gut Glück das Fahrradschloß öffnet?

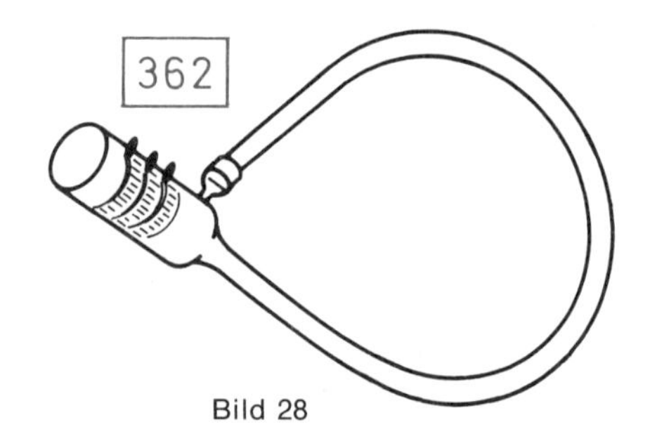

Bild 28

62. Aus 10 Personen soll ein Fünferausschuß ausgelost werden. Dieser ist jedoch arbeitsunfähig, wenn ihm zugleich die beiden Streithähne Hinz und Kunz angehören.
Wie viele Möglichkeiten der Wahl gibt es?

63. Fritzchen hat in einen Korb mit 6 Eiern 4 faule dazugelegt. Seine Schwester nimmt für das Frühstück 3 Eier heraus.
Wie groß ist die Wahrscheinlichkeit, daß mindestens ein faules Ei dabei ist?

64. In einer Jugendherberge ist noch in 5 Zimmern je ein Bett frei. Es kommen drei müde Wanderer.
Auf wieviel Arten können sie auf die Zimmer verteilt werden?

65. Als Martin nach dem Kennzeichen seines neuen Wagens gefragt wird, verrät er nur: Er hat die Buchstaben B-AK, die folgenden drei Ziffern sind alle verschieden und ungerade. Wie viele Möglichkeiten gibt es?

66. Ein „Eiermann" geht durch die Straßen und preist seine Eier an: „Frische Eier! Direkt vom Land! Öko-Eier!"
Weil der Umsatz mit dem Eierlegen offenbar nicht Schritt hielt, hat der Eiermann unter 100 Eier 10 ältere gemischt (d. h. 90 frische und 10 ältere).
Eine Frau kauft 5 Eier. Wie groß ist die Wahrscheinlichkeit, daß sie mindestens ein altes Ei erwischt, wenn man frische und ältere Eier von außen nicht unterscheiden kann?

Bernoulli-Experimente

Die Schweizer Gelehrtenfamilie BERNOULLI brachte im 17. und 18. Jahrhundert mehrere überragende Mathematiker hervor, die durch ihre Entdeckungen auf verschiedenen Gebieten der Mathematik bleibende Würdigung erfuhren. Auf dem Gebiet der Wahrscheinlichkeitsrechnung gelangte besonders JAKOB BERNOULLI (1654 – 1705) zu Ehren. Nach ihm wurde dann auch eine Kategorie von Zufallsexperimenten benannt.

Es handelt sich bei Bernoulli-Versuchen um Vorgänge mit zufälligem Ergebnis, bei denen man sich nur dafür interessiert, ob das bestimmte Ereignis eintritt oder nicht.

Bild 29

BEISPIEL
Auf einem Glücksrad (↗ Bild 29) gibt es verschiedene Sektoren, man gewinnt aber nur, wenn der Zeiger auf rot steht. Auch hier handelt es sich um einen Bernoulli-Versuch, das interessierende Ereignis A ist: „Zeiger steht auf rot", das entgegengesetzte Ereignis: „Zeiger steht nicht auf rot", also „Zeiger steht auf weiß oder schwarz".

1. Welche der folgenden Vorgänge sind Bernoulli-Versuche? Geben Sie das interessierende Ereignis A und das entsprechend entgegengesetzte Ereignis $\bar{A}$ an, falls es sich um einen Bernoulli-Versuch handelt!

a) Wurf eines Würfels. Es interessiert, ob eine 6 fällt oder nicht.
b) Wurf eines Würfels. Es interessiert, welche Zahl gewürfelt wird.

c) Wurf eines Würfels. Untersucht wird, ob eine gerade Zahl oben liegt.

d) Bei einer Umfrage werden Leute gefragt, ob sie bei der nächsten Bundestagswahl die Partei ... (eine ganz bestimmte Partei) wählen.

e) Bei einer Wahlumfrage werden Passanten gefragt, welche Partei sie bei der nächsten Bundestagswahl wählen.

f) Ein Gedicht wird auf die Häufigkeit der auftretenden Buchstaben hin untersucht.

g) Wurf einer Münze. Es interessiert, ob „Zahl“ oben liegt.

h) Glühlampen werden einer Funktionsprüfung unterzogen.

i) Mich interessiert, an welchem der nächsten 14 Tage es regnen wird.

k) Bei einer Wetterbeobachtung soll die Höchsttemperatur eines Tages bestimmt werden.

l) Zur Erarbeitung einer Statistik wird bei 1000 Babys das Geburtsgewicht notiert.

Wiederholt man einen Bernoulli-Versuch ein- oder mehrmals und beeinflußt das Ergebnis des einen Versuches nicht das des anderen Versuches, so entsteht eine **Bernoulli-Kette.**

BEISPIEL:

Registriert man bei 10 Geburten nacheinander, ob eine Jungengeburt eingetreten ist, so ist jede Geburt für sich ein Vorgang mit zufälligem Ergebnis und die einzelnen Vorgänge sind unabhängig voneinander, denn das Geschlecht eines Neugeborenen wird selbstverständlich nicht vom Geschlecht des davor geborenen Kindes beeinflußt.
Das Registrieren des Geschlechts der Neugeborenen in einer Klinik ist also ein Beispiel für eine Bernoulli-Kette.
Als Ergebnis e der Beobachtungsserie zu dem obigen Beispiel könnte z. B. stehen: (m, w, m, m, m, w, w, w, m, m).
Die Wahrscheinlichkeit für ein solches Beobachtungsergebnis e läßt sich als Produkt der Einzelwahrscheinlichkeiten berechnen:

$$P_{(e)} = p_m \cdot p_w \cdot p_m \cdot p_m \cdot p_m \cdot p_w \cdot p_w \cdot p_w \cdot p_m \cdot p_m = p_m^{\,6} \cdot p_w^{\,4}.$$

Da man die Wahrscheinlichkeit für eine Jungengeburt in unseren Breiten auf der Basis langjähriger Beobachtungen und Zählungen mit 0,514 annehmen kann (die der Mädchengeburten demzufolge mit $1 - 0{,}514 = 0{,}486$), beträgt die Wahrscheinlichkeit für das genannte Beobachtungsergebnis e 0,001, denn

$$p_m^{\,4} \cdot p_w^{\,4} = 0{,}514^6 \cdot 0{,}486^4 \approx 0{,}001.$$

2. Bestimmen Sie die Wahrscheinlichkeit der folgenden, für unser Beispiel ebenfalls möglichen Beobachtungsergebnisse:

$e_1 = (m, m, m, m, w, w, w, m, m, m)$,

$e_2 = (w, w, m, w, m, w, m, m, m, w)$,

$e_3 = (w, m, m, w, m, m, w, m, m, m)$,

$e_4 = (w, w, w, w, w, w, w, w, w, w)$,

$e_5 = (m, m, m, m, m, m, m, w, w, w)$!

Vergleichen Sie die berechneten Wahrscheinlichkeiten, insbesondere die von e_1, e_3 und e_5! Versuchen Sie den festgestellten Sachverhalt zu verallgemeinern!

3. Werfen Sie eine Münze 5mal hintereinander, und notieren Sie sich, wie oft dabei „Wappen" zu sehen war! Wiederholen Sie arbeitsteilig diese 5 Würfe (Bernoulli-Kette der Länge 5) 200mal!
Wie oft trat bei diesen 200 Wiederholungen der Bernoulli-Kette „Wappen" keinmal, genau 1mal, ..., genau 5mal auf?
Stellen Sie ihre Ergebnisse in einem Streckendiagramm dar!
Diskutieren Sie über die Ergebnisse anhand der grafischen Darstellung!

Kehren wir noch einmal zu den Jungengeburten zurück:

Wir haben im Beispiel und in Aufgabe 2 unterschiedliche Ketten untersucht. Wir merken uns nun, daß dabei die Reihenfolge nicht entscheidend ist. Für das Ereignis „Von 10 Neugeborenen sind 6 Jungen" ist z. B. die Kette aus dem oben angeführten Rechenbeispiel günstig. Aber auch andere Ketten können günstig sein, z. B. (m, m, m, w, w, m, m, m, w, w). Diese einzelnen Ergebnisse, die für das Ergebnis günstig sind, haben alle die gleiche Wahrscheinlichkeit: $p_m^6 \cdot p_w^4$. Zur Berechnung der Wahrscheinlichkeit des Ereignisses müssen nun die Wahrscheinlichkeiten aller günstigen Ergebnisse addiert werden, davon gibt es aber gerade $\binom{10}{6}$ Stück. Also ist die Wahrscheinlichkeit für das Ereignis „6 von 10 Neugeborenen sind Jungen" $\binom{10}{6} \cdot p_m^6 \cdot p_w^4 = 15 \cdot 0{,}514^6 \cdot 0{,}486^4 \approx 0{,}21$.

4. Wie groß ist die Wahrscheinlichkeit dafür, daß unter 10 beobachteten Neugeborenen genau 3 Jungen sind?

5. Ein Würfel wird dreimal geworfen.
Wie groß ist die Wahrscheinlichkeit, daß dabei keinmal, genau einmal, genau zweimal bzw. dreimal die 6 auftritt?
Fülle ein Tabelle der folgenden Art aus!

Anzahl der Sechsen	0	1	2	3
Wahrscheinlichkeit				

6. Beim „Mensch-ärgere-dich-nicht" darf man dreimal würfeln. Wenn dabei eine 6 gewürfelt wird, darf man eine Figur auf das Spielfeld setzen. Mit welcher Wahrscheinlichkeit kann man bereits in der 1. Runde starten?

7. Ein Würfel wird fünfmal geworfen.
a) Wie groß ist die Wahrscheinlichkeit dafür, daß in den letzten beiden Würfen eine 1 gewürfelt wird, vorher aber nicht?
b) Mit welcher Wahrscheinlichkeit werden unabhängig von der Reihenfolge genau 2 Einsen gewürfelt?

8. In einer Urne befinden sich 3 rote und 7 weiße Kugeln. Viermal hintereinander wird folgender Versuch durchgeführt: Es wird eine Kugel gezogen, die Farbe notiert und schließlich wieder zurückgelegt.
Berechnen Sie die Wahrscheinlichkeiten folgender Ereignisse:
① Erst werden 2 rote, dann 2 weiße Kugeln gezogen.
② Erst werden 2 weiße, dann 2 rote Kugeln gezogen.
③ Die ersten 3 Kugeln sind rot, die vierte ist weiß.
④ Die ersten 3 Kugeln sind rot.
⑤ 2 der 4 Kugeln sind rot.

9. Bei einer Prüfung werden jedem Prüfling 10 Fragen gestellt. Zu jeder Frage sind 3 Antworten vorgegeben, von denen aber nur eine richtig ist. Nehmen wir an, ein Prüfling weiß überhaupt nichts und tippt jedesmal, ohne zu überlegen, irgendeine Antwort.
Berechnen Sie für jede mögliche Anzahl von richtigen Antworten die entsprechende Wahrscheinlichkeit!
Stellen Sie die Ergebnisse im Streckendiagramm dar, und diskutieren Sie darüber!

10. Zwei Würfel werden 5mal hintereinander gleichzeitig geworfen. Wie groß ist die Wahrscheinlichkeit, daß jedesmal zwei gleiche Zahlen gewürfelt werden?

11. Auf einem Galton-Brett (vgl. hierzu mit der Einbandgrafik) rollen nacheinander 25 Kügelchen über ein Hindernisfeld. Bei jedem Hindernis rollen die Kügelchen entweder nach rechts oder nach links und fallen schließlich in die dafür vorgesehenen Fächer unterhalb des Galton-Brettes.
Wie viele verschiedene Wege führen zu jedem einzelnen Fach? Wie groß ist die Wahrscheinlichkeit, daß ein Kügelchen im Fach 5 liegen bleibt?
Gibt es einen Zusammenhang zwischen der Anzahl der Wege zu einem Fach und der entsprechenden Wahrscheinlichkeit?

12. Ein Düsenflugzeug hat 4 Triebwerke. Es kann aber sogar noch fliegen, wenn nur ein Triebwerk arbeitet, also 3 Triebwerke ausgefallen sind. Jedes Triebwerk arbeitet mit großer Zuverlässigkeit und fällt nur in einem von 1000 Fällen aus, wenn der Flug 8 Stunden nicht überschreitet. Berechnen Sie die Wahrscheinlichkeit für den Fall, daß das Flugzeug bei einem 8-Stunden-Flug mit nur einem Triebwerk auskommen muß!

Häufig wird bei Vorgängen, die als Bernoulli-Ketten bezeichnet werden können, nicht nach der genauen Anzahl der „Erfolge" gefragt, sondern nach einer bestimmten **Menge von „Erfolgsanzahlen".**

BEISPIEL:

Jemand weiß, daß er eine Prüfung besteht, wenn er mindestens 8 von 10 Fragen richtig beantwortet. Zur Berechnung der Wahrscheinlichkeit für das Bestehen der Prüfung, werden die Wahrscheinlichkeiten für die einzelnen Ergebnisse addiert. Man bildet also die Summe der Wahrscheinlichkeiten, daß genau 8, genau 9 bzw. alle 10 Fragen richtig beantwortet werden.

BEISPIEL:

Eine Münze wird 20mal geworfen. Es interessiert die Wahrscheinlichkeit dafür, daß 5mal „Wappen" zu sehen ist.
Zur Lösung des Problems überlegt man:
Der Fall „weniger als 5mal Wappen bei 20 Würfen" tritt ein, wenn beim Würfeln keinmal, einmal, 2mal, 3mal, aber höchstens 4mal „Wappen" oben liegt.
Das heißt: Es müssen die Wahrscheinlichkeiten jedes dieser Spezialfälle aufsummiert werden.
Zunächst ist also für jede Zahl i kleiner als 5 die Wahrscheinlichkeit zu berechnen, daß bei 20 Würfen genau i mal „Wappen" oben liegt. Diese Wahrscheinlichkeiten berechnet man nach der Formel $P(i) = \binom{20}{i} \cdot p^i \cdot (1-p)^{20-i}$.

Wenn man zusätzlich bedenkt, daß die Wahrscheinlichkeit P für den „Erfolg“ in einem Einzelversuch, also hier für das Ergebnis „Wappen“ beim Wurf einer Münze, gleich 0,5 ist, ergeben sich die Wahrscheinlichkeiten:

$$P(0) = \binom{20}{0} \cdot 0{,}5^0 \cdot 0{,}5^{20} = 9{,}5367 \cdot 10^{-7},$$

$$P(1) = \binom{20}{1} \cdot 0{,}5^1 \cdot 0{,}5^{19} = 1{,}9073 \cdot 10^{-5},$$

$$P(2) = \binom{20}{2} \cdot 0{,}5^2 \cdot 0{,}5^{18} = 1{,}8119 \cdot 10^{-4},$$

$$P(3) = \binom{20}{3} \cdot 0{,}5^3 \cdot 0{,}5^{17} = 1{,}0871 \cdot 10^{-3},$$

$$P(4) = \binom{20}{4} \cdot 0{,}5^4 \cdot 0{,}5^{16} = 4{,}6204 \cdot 10^{-3}.$$

Nun sind diese Einzelwahrscheinlichkeiten noch aufzusummieren, also $P(i < 5) = P(0) + P(1) + P(2) + P(3) + P(4) = 5{,}9087 \cdot 10^{-3} = 0{,}006$.
Das heißt: Nur in 6 von 1000 Fällen wird man beim 20maligen Werfen einer Münze weniger als 5mal „Wappen“ beobachten können.

13. Ein Fragebogen bei einer Prüfung zum Führerschein enthalte 25 Fragen. Zu jeder Frage gibt es 4 vorgegebene Antworten, wobei jeweils nur eine richtig ist. Zum Bestehen der Prüfung muß der Prüfling mindestens 22 Fragen richtig beantworten. Wie groß ist die Wahrscheinlichkeit, daß jemand die Prüfung besteht, der völlig willkürlich ankreuzt?

14. Zwei Würfel werden gleichzeitig dreimal hintereinander geworfen. Mit welcher Wahrscheinlichkeit zeigen beide Würfel mindestens zweimal die gleiche Augenzahl?

Wird danach gefragt, ob ein Ereignis A mit der Wahrscheinlichkeit p bei n Wiederholungen mindestens einmal (also überhaupt) auftritt, so ist eine Aufsummierung aller dafür günstigen Fälle oft sehr aufwendig, denn man müßte ja die Wahrscheinlichkeiten für einmaliges Auftreten, zweimaliges Auftreten usw. bis ständiges Auftreten bei n Versuchen addieren. Folgende Überlegung vereinfacht den Rechenaufwand erheblich: Wenn das Ereignis A mindestens einmal auftreten soll, so heißt das, daß nur der Fall ausgeschlossen wird, daß das Ereignis A gar nicht auftritt. Das wiederum heißt, daß immer das entsprechende entgegengesetzte Ereignis $\bar{A}$ eintritt, die Wahrscheinlichkeit dafür beträgt aber $(1-p)^n$. Von der Gesamtheit 1 muß man die Wahrscheinlichkeit dieses ungünstigen Falles abziehen, und somit ist die Wahrscheinlichkeit, daß das Ereignis wenigstens einmal eintritt, gleich

$$1-(1-p)^n.$$

Beispiel:

Man will die Wahrscheinlichkeit dafür berechnen, daß man wenigstens eine 6 würfelt, wenn man 10mal würfelt. Man berechnet zweckmäßigerweise zuerst die Wahrscheinlichkeit für den Fall, daß bei den 10 Versuchen keine 6 auftritt:

$$P(\text{keine } 6) = \left(\frac{5}{6}\right)^{10} = 0{,}16.$$

Dementsprechend gilt:

$$P(\text{mind. eine } 6) = 1 - 0{,}16 = 0{,}84.$$

Wenn man also sehr oft das 10malige Würfeln wiederholt, so wird in 84% aller Fälle mindestens eine 6 dabei sein.

15. Wie groß ist die Wahrscheinlichkeit, bei 8 Würfen eines normalen Spielwürfels wenigstens einmal eine durch 3 teilbare Zahl zu werfen?

16. Wie groß ist die Wahrscheinlichkeit, daß bei 5 Neugeborenen wenigstens ein Junge ist? (Die Wahrscheinlichkeit für eine Jungengeburt ist 0,514.)

17. Vier Jäger gehen auf die Jagd. Aus den bisherigen Ergebnissen der vier weiß man, daß jeder im Schnitt bei einem von drei Schüssen trifft. Plötzlich taucht ein Wildschwein auf und jeder der vier Jäger schießt einmal darauf.
Wie groß ist die Wahrscheinlichkeit, daß das Tier mindestens einmal getroffen wurde?
Mit welcher Wahrscheinlichkeit wird es genau einmal getroffen?

18. Die Ausschußrate bei der Herstellung von 60 W-Glühlampen beträgt 1%.
Was ist wahrscheinlicher, unter 25 wenigstens eine defekte Glühlampe zu finden oder daß bei 15 zufällig ausgewählten Glühlampen alle in Ordnung sind?

19. Aus einer Urne mit 4 weißen und 6 roten Kugeln wird 7mal hintereinander eine Kugel entnommen, die Farbe notiert und wieder zurückgelegt. Mit welcher Wahrscheinlichkeit wurde dabei mindestens einmal eine weiße Kugel gezogen?

20. Auf einer Tüte mit Saatgut steht, daß bei Einhaltung der Hinweise 80% der Samen aufgehen werden. Mit welcher Wahrscheinlichkeit wird wenigstens eins von 10 gesäten Samenkörnern aufgehen (↗ Bild 30)?

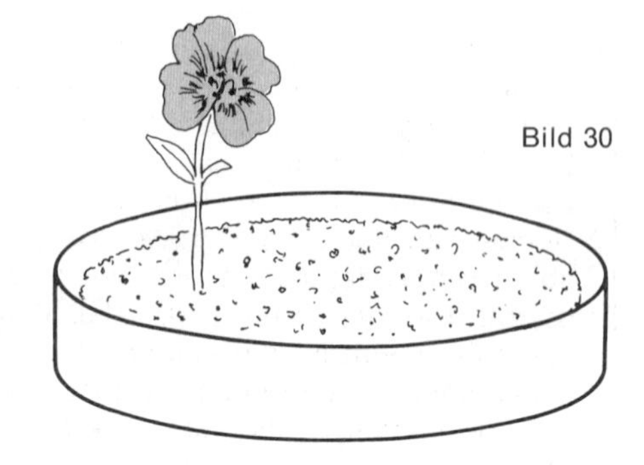

Bild 30

21.* Einem Posten von 100 Teilen werden „auf gut Glück“ 10 Teile zur Qualitätskontrolle entnommen. Der Hersteller hat sich zu höchstens 5% Ausschuß verpflichtet. Der Posten wird abgelehnt, wenn mindestens ein defektes Teil in der Stichprobe ist.

a) Mit welcher Wahrscheinlichkeit wird der Posten abgelehnt, wenn der vereinbarte Ausschußanteil gerade noch eingehalten wird?
b) Mit welcher Wahrscheinlichkeit wird der Posten angenommen, wenn der Posten in Wirklichkeit 10% defekte Teile enthält?
c) Wie verändern sich die eben berechneten Wahrscheinlichkeiten, wenn der Posten höchstens ein defektes Teil enthalten darf, um angenommen zu werden?

Wir interessieren uns nun für die notwendige **Anzahl von Wiederholungen eines Vorgangs, um mit einer bestimmten Sicherheit mindestens einen „Erfolg" beobachten zu können.**

BEISPIEL:

Die Frage steht, wie oft man würfeln muß, damit man mit wenigstens 95%iger Sicherheit mindestens eine 6 wirft.
Die Wahrscheinlichkeit, daß man bei n Versuchen mindestens eine 6 würfelt, beträgt bekanntlich:

$$1 - \left(\frac{5}{6}\right)^n.$$

Diese Wahrscheinlichkeit soll nun größer oder wenigstens gleich 0,95 sein, also:

$$1 - \left(\frac{5}{6}\right)^n \geqq 0{,}95.$$

Zum Lösen dieser Ungleichung rechnet man:

$$\left(\frac{5}{6}\right)^n \leqq 0{,}05.$$

Mit dem Taschenrechner kann man sich durch Probieren an die gesuchte kleinste natürliche Zahl n herantasten, die diese Ungleichung erfüllt. Man wird die Zahl 17 finden, denn

$$\left(\frac{5}{6}\right)^{16} \approx 0{,}054 \quad \text{und} \quad \left(\frac{5}{6}\right)^{17} \approx 0{,}045.$$

Also: Man muß mindestens 17mal würfeln, um mit 95%iger Sicherheit mindestens eine 6 zu würfeln.

22. Wie oft muß man einen normalen Spielwürfel mindestens werfen, um mit 90%iger bzw. 99%iger Sicherheit mindestens

a) eine 6,
b) eine gerade Zahl,
c) eine Zahl, die größer als 2 und kleiner als 5 ist,
d) eine Zahl, die größer als 2 oder kleiner als 5 ist, zu würfeln?

23. Sie spielen Roulette und setzen permanent auf ein und dieselbe Längsreihe (12 von 37 Zahlen). Wie oft müssen Sie spielen, um mit einer Wahrscheinlichkeit von 0,9 oder mehr mindestens einmal zu gewinnen?

24. Wie oft muß man

a) ein regelmäßiges Tetraeder,
b) einen regelmäßigen 8-Flächner,
c) einen regelmäßigen 12-Flächner,

werfen, um mit 90%iger Sicherheit mindestens eine 4 zu würfeln (↗ Bild 31)?
(Beim Tetraeder ist die unten liegende Zahl entscheidend.)

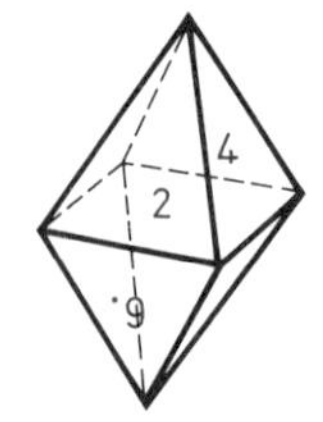

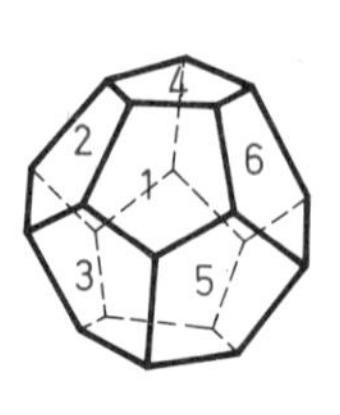

Bild 31

25. Wie oft muß man zwei Würfel gleichzeitig werfen, um mit einer Sicherheit von 80% oder mehr wenigstens einen Pasch (zwei gleiche Zahlen) zu würfeln?

26. Wie oft muß man sich mit einem Tip am Lotto „6 aus 49" beteiligen, damit mit einer Wahrscheinlichkeit von wenigstens 95% mindestens einmal

a) alle getippten Zahlen,
b) genau 5 der getippten Zahlen,
c) genau 4 der getippten Zahlen gezogen werden?

27. Eine Weihnachtslichterkette für die Straße bestehe aus 20 parallel geschalteten Lampen, d. h., wenn eine Lampe ausfällt, leuchten die anderen Lampen trotzdem weiter. Die Kette funktioniert also, wenn mindestens eine Lampe nicht defekt ist. Wie groß ist die Wahrscheinlichkeit dafür, daß die Kette auch noch nach einer Woche ununterbrochen funktioniert, wenn eine Glühlampe bei einer Woche Betriebsdauer mit einer Wahrscheinlichkeit von nur 0,01 ausfällt?

28. Eine Schulklasse möchte ihre Weihnachtsfeier durch einen Julklapp aufheitern. Dazu soll jeder der 28 Schüler ein lustiges Geschenk anfertigen. Die Geschenke kommen dann in einen großen Sack und der Weihnachtsmann verteilt sie dann auf gut Glück an die Schüler.
Wie groß ist die Wahrscheinlichkeit dafür, das mindestens einer der Schüler das von ihm selbst angefertigte Geschenk erhält?

29. Eine Operation habe 80% Aussicht auf Erfolg. Wie groß ist die Wahrscheinlichkeit dafür, daß 4 der nächsten 5 Patienten erfolgreich operiert werden?
Wie groß ist die Wahrscheinlichkeit dafür, daß der fünfte Patient erfolgreich operiert wird, wenn die vier Patienten vor ihm eine erfolgreiche Operation hatten?

30. Anläßlich eines Schulfestes werden die 400 Schüler der Nachbarschule eingeladen. Die Organisationsleitung des Festes möchte jedem Kind der Nachbarschule, das am Festtag Geburtstag hat, ein kleines Geschenk machen. Herr Ganzgenau möchte nichts falsch machen und bestellt bei einem Verlag 400 Bücher. Der Schulleiter Herr Klug hört zum Glück davon und reduziert die Bestellung auf 6 Bücher. Mit welcher Wahrscheinlichkeit riskiert Herr Klug, daß ein Geburtstagskind kein Buch erhält?

31. Ein Hobbyfunker möchte die Nachricht „Die Sommmerferien waren Spitze." zu seinem Freund funken. Er weiß aus seiner bisherigen Funkpraxis, daß jedes Zeichen (Buchstaben, Leer- und Satzzeichen) bei der Übertragung unabhängig von den anderen mit der Wahrscheinlichkeit 0,4 gestört wird. Zur Sicherheit wiederholt er die Nachricht 5mal.

Wie groß ist die Wahrscheinlichkeit dafür, daß wenigstens eine der 5 Übertragungen in keinem einzigen Zeichen gestört wird?
Wie oft müßte die Nachricht übertragen werden, damit die Wahrscheinlichkeit wenigstens einer fehlerfreien Sendung mindestens 0,95 beträgt?

32. In einem Werk werden hochintegrierte Schaltkreise hergestellt. Die Wahrscheinlichkeit dafür, daß ein Schaltkreis allen Anforderungen genügt, ist 0,1.
Ermitteln Sie die Wahrscheinlichkeit dafür, daß unter 30 Schaltkreisen mindestens 3 allen Anforderungen genügen!

33. Im Durchschnitt werden 5% der Fahrer bei Geschwindigkeitskontrollen angehalten. Wie groß ist die Wahrscheinlichkeit, daß höchstens 4 von 100 Fahrern angehalten werden?

34. Eine Arzneimittelfirma gibt an, daß bei einem Impfstoff die Wahrscheinlichkeit für eine Komplikation 0,01 beträgt.
Wie groß ist die Wahrscheinlichkeit, daß bei 500 Impfungen mehr als 3 Komplikationen auftreten?

35. Nach Angaben einer Post kommen 65% der Telefongespräche beim ersten Wählen zustande. Eine Sekretärin muß 5 Telefongespräche erledigen.
Wie groß ist die Wahrscheinlichkeit, daß sie

a) jedesmal direkt durchkommt,
b) jedesmal nicht direkt durchkommt,
c) einmal nicht direkt durchkommt,
d) nur einmal direkt durchkommt?

36. Beim Fußballtoto hat man bei 11 Spielansetzungen jeweils 3 Tipmöglichkeiten: gewonnen, unentschieden, verloren. Jemand füllt einen Tipschein auf gut Glück aus.

a) Welches ist die wahrscheinlichste Anzahl richtiger Tips?
b) Mit welcher Wahrscheinlichkeit erzielt er mindestens 9 Richtige?

37. Bei einem biologischen Experiment gelingt die Befruchtung einer Pflanzensorte in etwa 40% der Fälle. Wieviel Versuchspflanzen muß der Biologe in sein Experiment einbeziehen, um mit 99%iger Sicherheit wenigstens eine befruchtete Pflanze zu haben?

38. Zu kleine Stichproben geben oft ein falsches Bild.
60% der Einwohner einer Ortschaft sind für die Partei A, 40% für die Partei B. Ein Reporter interviewt nur 5 Bürger. Wie groß ist die Wahrscheinlichkeit, daß sich die Mehrheit von ihnen für die Partei B ausspricht?

39. Eine Erdölbohrung wird mit der Wahrscheinlichkeit 0,1 fündig.
Mit welcher Wahrscheinlichkeit haben 10 Bohrungen mindestens einen Erfolg?
Wieviel Bohrungen müssen vorgenommen werden, damit die Wahrscheinlichkeit für mindestens einen Erfolg größer als 0,5 ist?

40. Die Zehnerbande der Glatzköpfe beschließt, sich wieder um Haarwuchs zu bemühen. Ein Hersteller bietet ein Haarwuchsmittel mit 35% Erfolgswahrscheinlichkeit in 10 Tagen an.
Wie groß ist die Wahrscheinlichkeit, daß wenigstens 2 Glatzköpfe nach 10 Tagen wieder bewachsen sind?

Aus dem Physikunterricht wissen Sie, daß man elektrische Bauelemente sowohl in Reihe als auch parallel schalten kann.
Technische Systeme wie Hifi-Anlagen, Waschmaschinen, Fernseher usw. bestehen aus einer Vielzahl von einzelnen Bauelementen, und ihre Funktionstüchtigkeit hängt von der Funktionsfähigkeit jedes einzelnen Bauelementes ab. Kennt man zum Beispiel die Wahrscheinlichkeit für jedes Element, daß es nach 100 Betriebsstunden noch einwandfrei funktioniert, läßt sich die Wahrscheinlichkeit berechnen, daß das ganze System nach 100 h noch funktioniert.

Reihenschaltung
Unter einer Reihenschaltung von n Bauelementen wollen wir ein **System** verstehen, das nur dann arbeitet, wenn alle diese Bauelemente arbeiten.

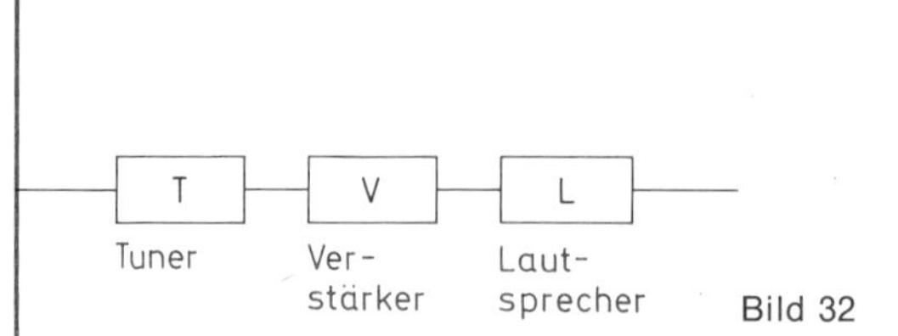

Bild 32

BEISPIEL:
Eine Rundfunkanlage, bestehend aus Tuner, Verstärker und einem Lautsprecher, stellt eine Reihenschaltung von drei Bauelementen dar: Es kann nur Musik empfangen werden, wenn alle drei Bauelemente funktionieren.

Die im Bild 32 gezeigte Darstellung nennt man **Zuverlässigkeitsschaltbild.**

So wie sich die Wahrscheinlichkeiten entlang eines Weges multiplizieren, so ergibt sich auch die **Systemzuverlässigkeit *p* einer Reihenschaltung von *n* Elementen** aus dem Produkt der Zuverlässigkeit der einzelnen Bauelemente:

$p_{sys} = p_1 \cdot p_2 \cdot \dots \cdot p_n$,

wobei Zuverlässigkeit p bedeutet, daß das Bauelement bzw. das System nach einer bestimmten Zeit t mit der Wahrscheinlichkeit p noch arbeitet.

BEISPIEL:
Gilt für die im vorigen Beispiel erwähnte Rundfunkanlage $p_{Tuner} = 0{,}9$; $p_{Verstärker} = 0{,}8$; $p_{Lautsprecher} = 0{,}95$, so erhält man als Zuverlässigkeit der Anlage

$p = 0{,}9 \cdot 0{,}8 \cdot 0{,}95 = 0{,}684$.

Das heißt: Betrachtet man sehr viele Anlagen dieser Art, dann sind nach der Zeit t 31,6% davon ausgefallen.

41. Wird sich die Zuverlässigkeit eines Systems senken oder erhöhen, wenn man die Anzahl der in Reihe geschalteten Bauelemente erhöht? Begründen Sie ihre Aussage!

42. Eine Reihenschaltung besteht aus fünf Bauelementen mit der Zuverlässigkeit 0,6. Wie groß ist die Zuverlässigkeit des Systems?

43. Wieviel Bauelemente mit der Zuverlässigkeit 0,99 können höchstens in eine Reihe geschaltet werden, wenn die Zuverlässigkeit des Systems 0,9 nicht unterschreiten soll?

Parallelschaltung

Unter einer Parallelschaltung von n Bauelementen versteht man ein System, das arbeitet, solange noch mindestens ein Bauelement arbeitet, bzw. wenn nicht alle n Bauelemente ausgefallen sind.
Das Bild 33 zeigt das entsprechende Zuverlässigkeitsschaltbild.

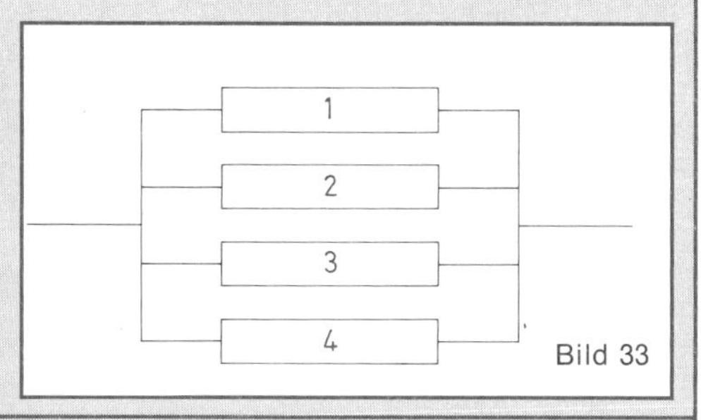

Bild 33

Da das System also arbeitet, wenn mindestens ein Bauelement arbeitet, berechnet sich die **Systemzuverlässigkeit einer Parallelschaltung aus n Bauelementen** mit den Zuverlässigkeiten $p_1, p_2, \cdots, p_n$ mit Hilfe der Formel

$$p_{sys} = 1 - (1 - p_1)(1 - p_2) \ldots (1 - p_n).$$

Haben alle n parallelgeschalteten Bauelemente die gleiche Zuverlässigkeit p, so vereinfacht sich die Formel zu:

$$p_{sys} = 1 - (1 - p)^n.$$

44. Wird sich die Systemzuverlässigkeit senken oder erhöhen, wenn man die Anzahl parallelgeschalteter Bauelemente erhöht? Begründen Sie Ihre Aussage!

Diese Eigenschaft von parallelgeschalteten gleichartigen Bauelementen nutzt man, um dadurch schwache Stellen im System zu stärken:
Einzelne oder auch alle Bauelemente werden dubliziert, um die Ausfallwahrscheinlichkeit zu senken.

45. Eine Parallelschaltung bestehe aus fünf Bauelementen mit der Zuverlässigkeit 0,6. Wie groß ist die Zuverlässigkeit des Systems? Vergleichen Sie mit der Aufgabe 42!

46. Wieviel Bauelemente der Zuverlässigkeit 0,5 müßte man parallelschalten, damit die Systemzuverlässigkeit größer als 0,99 ist?

47. Vier gleichartige Bauelemente sollen parallelgeschaltet werden, und die Systemzuverlässigkeit soll mindestens 0,9 betragen. Welche Zuverlässigkeit müssen die Bauelemente aufweisen?

48. Ist es praktisch günstig, die Zuverlässigkeit eines Systems beliebig zu erhöhen, indem immer mehr Bauelemente parallelgeschaltet werden?

49. Ein System besteht aus vier Bauelementen a, b, c, d. Jedes dieser vier Bauelemente besitzt die Zuverlässigkeit p. Das System ist so geschaltet, daß es dann arbeitet, wenn die Bauelemente a, b, oder die Bauelemente c, d (oder natürlich alle) funktionieren. Zeichnen Sie das entsprechende Zuverlässigkeitsschaltbild, und berechnen Sie die Systemzuverlässigkeit!

50. Zwei Bauelemente mit der Zuverlässigkeit 0,8 sind in Reihe geschaltet (↗ Bild 34).
Zur Erhöhung der Systemzuverlässigkeit stehen außerdem noch zwei Bauelemente mit der Zuverlässigkeit 0,7 zur Verfügung.
Würden Sie damit eher das gesamte System (↗ Bild 35) oder jedes einzelne Bauelement (↗ Bild 36) verstärken, um eine höhere Systemzuverlässigkeit zu erreichen?

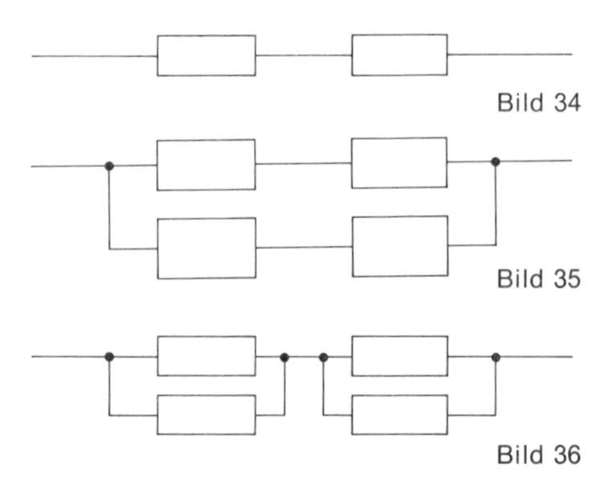
Bild 34
Bild 35
Bild 36

51. Das im Bild 37 dargestellte System mit den sechs Bauelementen *a*, *b*, *c*, *d*, *e* und *f* sei gegeben.
Berechnen Sie die Zuverlässigkeit des Systems,

a) wenn alle Bauelemente die Zuverlässigkeit *p* haben,
b) wenn das Bauelement *a* die Zuverlässigkeit 0,7 hat, die Elemente *b* und *c* die Zuverlässigkeit 0,8 und *d*, *e* sowie *f* die Zuverlässigkeit 0,7 besitzen,
c) wenn gilt: $p_f = 0{,}9$; $p_e = 0{,}8$; $p_d = 0{,}7$; $p_c = 0{,}6$; $p_b = 0{,}5$ und $p_a = 0{,}4$!

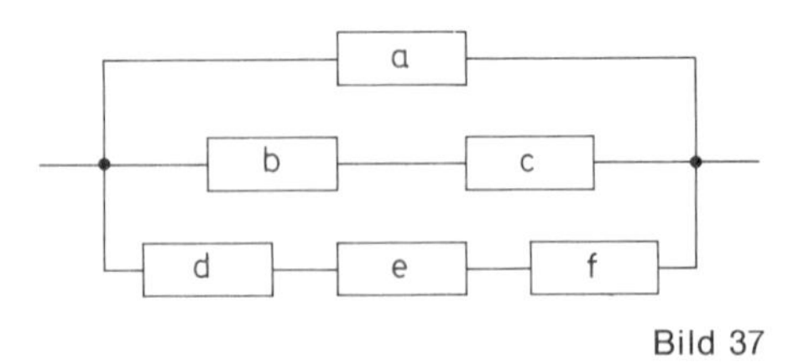

Bild 37

52. Im nebenstehenden System beträgt die Zuverlässigkeit des Bauelementes *a* 0,8 und die der Bauelemente *b*, *c* und *d* 0,9.

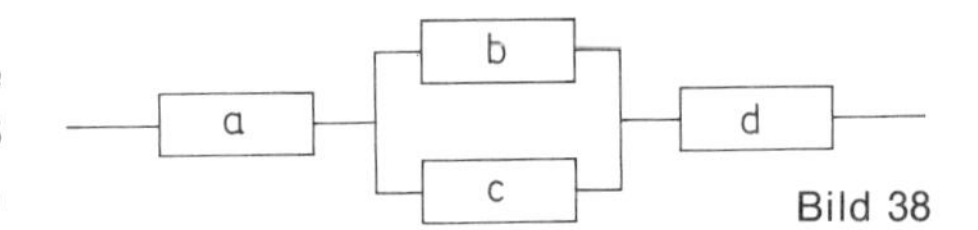

Bild 38

Wie groß ist die Zuverlässigkeit des Systems (↗ Bild 38)?
Wie ändert sich die Systemzuverlässigkeit, wenn jedes der Bauelemente durch ein gleichartiges Bauelement gedoppelt wird?

53.* Berechnen Sie die Zuverlässigkeit der beiden folgenden Systeme, in denen alle Bauelemente dieselbe Zuverlässigkeit *p* haben!
Für welche *p* ist die Zuverlässigkeit des Systems A größer als die Zuverlässigkeit des Systems B?

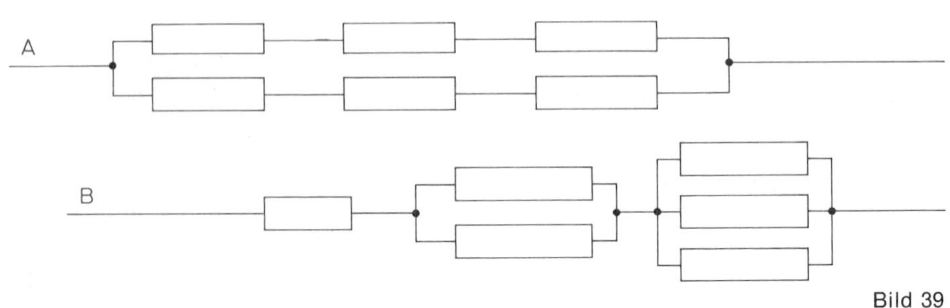

Bild 39

Beschreibende Statistik

Von drei 12jährigen Schülerinnen einer Trainungsgruppe soll eine Schülerin zu einem Wettkampf im Weitsprung geschickt werden. Entscheidend für die Auswahl sollen die Ergebnisse der letzten Trainingstage sein.

Folgende Weiten (in Metern) wurden ermittelt:

Anja:	3,78	3,42	3,82	3,64	3,58	3,70	3,72	3,98	3,91	3,76
	3,66	3,98	3,62	3,88	3,76	3,76	3,69	3,56	3,79	3,67
	3,69	3,62	3,69	3,86	3,78	3,82	3,64	3,59	3,87	3,74
	3,72	3,74								
Bea:	3,64	3,83	3,74	3,82	3,88	3,78	3,81	3,49	3,86	3,49
	3,59	3,34	3,78	3,93	3,77	3,56	3,89	3,47	3,67	3,80
	3,60	3,78	3,46	3,51	3,94	3,72	3,52	3,42	3,87	3,76
	3,72	4,20	3,87	3,60						
Conni:	3,79	3,76	3,86	3,83	4,01	3,61	3,77	3,87	3,92	4,00
	3,72	3,91	3,73	3,82	3,57	3,73	3,67	3,56	3,80	3,59
	4,09	3,93	3,80	3,87	3,66	3,92	3,52	3,92		

Die Statistik hat Methoden entwickelt, um in solchen Situationen eine Wertung der Leistungen vornehmen zu können.
Wie würden Sie im vorliegenden Fall entscheiden? Welche Schülerin soll zum Wettkampf ausgewählt werden?
Es wäre zum Beispiel möglich, Bea zum Wettkampf zu schicken, denn sie hat

den weitesten Sprung der Schülerinnen mit 4,20 m geschafft. Allerdings hat Bea auch die geringste erreichte Sprungweite auf ihrem Konto (mit 3,34 m – vielleicht hat sie bei diesem Sprung viel verschenkt). Es ist sicher sinnvoll, nicht nur von einer Sprungweite einer Schülerin auszugehen.
Ein Entscheidungshinweis könnte das arithmetische Mittel sein.

Das **arithmetische Mittel** $\bar{x}$ ist der Quotient aus der Summe der beobachteten Werte und der Anzahl der Werte.
Sind die beobachteten Werte in einer Häufigkeitstabelle zusammengefaßt

beobachtete Werte	x_1	x_2	...	x_n
absolute Häufigkeit	a_1	a_2	...	a_n

so kann man das arithmetische Mittel nach folgender Formel berechnen:

$$x = \frac{x_1a_1 + x_2a_2 + \cdots + x_na_n}{n} = x_1 \cdot h_n(x_1) + x_2 \cdot h_n(x_2) + \cdots + x_n \cdot h_n(x_n).$$

Das arithmetische Mittel muß nicht zur Menge der beobachteten Werte gehören. Es liegt aber auf jeden Fall zwischen dem kleinsten und dem größten der beobachteten Werte.

1. Berechnen Sie für das Weitsprungbeispiel jeweils das arithmetische Mittel der Sprungweiten jeder Schülerin! Welche Schülerin sollte auf dieser Grundlage zum Wettkampf geschickt werden?

2. Entnehmen Sie Ihren Aufzeichnungen eine beliebige Häufigkeitstabelle (z. B. die zur Untersuchung der Augensumme zweier Würfel)! Berechnen Sie aus den Daten dieser Tabelle das arithmetische Mittel der beobachteten Werte!

3. Peter hat im letzten Schuljahr 10 Mathearbeiten schreiben müssen. Dabei hat er 5mal eine 2, 4mal eine 3 geschrieben, und einmal hat er ganz daneben gehauen und sich eine 5 eingefangen.
Berechnen Sie das arithmetische Mittel von Peters Zensuren, und schätzen Sie seine Leistung ein!

4. Rolf hat in den ersten 7 Mathearbeiten dieses Jahres eine 4 geschrieben, sich dann aber auf den Hosenboden gesetzt und mächtig gebüffelt. Die Mühe hat sich auch gelohnt; die restlichen 3 Arbeiten fielen mit 2 deutlich besser aus.
Er rechnet: „Der Durchschnitt der ersten Arbeiten ist glatt 4,0. Dafür ist aber der Durchschnitt der letzten drei Arbeiten 2,0. Der Durchschnitt von 4,0 und 2,0 ist 3,0, also stehe ich glatt 3 in Mathe." Wo steckt der Fehler in Rolfs Berechnungen?

Zwei weitere Mittelwerte können zur Charakterisierung von Beobachtungsergebnissen dienen.

Der **Modalwert** m in einer Menge von Beobachtungsergebnissen ist derjenige Wert, der am häufigsten auftritt. Häufig sind die Beobachtungsergebnisse so beschaffen, daß mehrere Modalwerte auftreten. Die Nennung der einzelnen Modalwerte ist eine gute Möglichkeit die Häufigkeitsverteilung zu beschreiben.

Der **Zentralwert z** ist derjenige Wert, den man erhält, indem man die Beobachtungsergebnisse nach ihrer Größe ordnet und den in der Mitte liegenden heraussucht. Handelt es sich um eine geradzahlige Anzahl von Beobachtungsergebnissen, muß man das arithmetische Mittel der in der Mitte liegenden beiden Beobachtungsergebnisse bilden.

BEISPIEL:

Bei der mehrmaligen Wiederholung eines Vorgangs mit zufälligem Ergebnis wurden die folgenden Werte beobachtet:

1; 3; 3; 4; 2; 3; 2; 4; 5; 4; 1; 4; 5.

Der Größe nach geordnet sind es die Werte:

1; 1; 2; 2; 3; 3; 3; 4; 4; 4; 4; 5; 5.

Das **arithmetische Mittel** $\bar{x}$ dieser Werte beträgt

$$\bar{x} = \frac{1 \cdot 2 + 2 \cdot 2 + 3 \cdot 3 + 4 \cdot 4 + 5 \cdot 2}{13} = \frac{41}{13} = 3{,}1538462 \approx 3{,}15.$$

Der **Modalwert** m dieser Häufigkeitsverteilung ist 4.
Der **Zentralwert z** ist bei 13 Werten der 7. Wert der nach der Größe geordneten Reihung, also 3.

Man beachte, daß Modal- und Zentralwert unempfindlich gegenüber einzelnen extremen Werten, sogenannten Ausreißern oder Ausrutschern, sind. Wenn also anstelle der letzten 5 eine 9 aufgetreten wäre, so hätte das zwar Auswirkungen auf das arithmetische Mittel gehabt, nicht aber auf Modalwert und Zentralwert.

5. Teilen Sie die Sprungweiten der drei Mädchen aus dem Einleitungsbeispiel zum Kapitel 5 in günstige Klassen ein! Bestimmen Sie jeweils den Modal- und den Zentralwert! Vergleichen Sie die drei Mittelwerte miteinander!
Welche Schülerin würden Sie zum Wettkampf schicken?

6. Bei einem Versuch mit 100 Individuen einer Art haben sich die folgenden Lebenszeiten (x) ergeben:

x (in Monaten)	$\langle 17; 18)$	$\langle 18; 19)$	$\langle 19; 20)$	$\langle 20; 21)$	$\langle 21; 22)$	$\langle 22; 23\rangle$
absolute Häufigk.	21	36	25	12	5	1

Ermitteln Sie die mittlere Lebensdauer $\bar{x}$, den Modalwert m und den Zentralwert z der Lebensdauer!

7. Bei der Dichtebestimmung von Stahl fanden Schülergruppen die folgenden Meßwerte (in g/cm^3).
Stellen Sie die Häufigkeitsverteilung graphisch dar, und vergleichen Sie diese!

Gruppe 1:

Dichte	7,1	7,4	7,5	7,6	7,7	7,8	7,9	8,3
Häufigkeit	1	1	1	4	4	4	3	1

Gruppe 2:

Dichte	7,3	7,4	7,6	7,7	7,8	7,9	8,0	8,1	8,2	8,3
Häufigkeit	1	2	2	2	3	4	3	1	2	1

Welche Schülergruppe hat sorgfältiger gearbeitet? Genügt es, die Mittelwerte zu vergleichen?

Betrachten wir noch einmal das Einleitungsbeispiel zum Kapitel 5! Wir stellen fest, daß die Häufigkeitsverteilungen annähernd dasselbe arithmetische Mittel aufweisen. Dennoch unterscheiden sich ihre Verteilungen erheblich voneinander: Während Bea sehr weit springen kann, dafür aber manchmal „überhaupt nicht vom Brett wegkommt", springt Anja sehr ausgeglichene Weiten. Beas Sprungweiten **streuen** über einen Bereich von 0,86 m, Anjas lediglich über 0,56 cm.

Das Streuen von Einzelwerten bzw. die Breite einer Verteilung kann gut durch **Streuungswerte** beschrieben werden:
Die **Spannweite** ist die Differenz zwischen dem größten beobachteten Wert x_{max} und dem kleinsten beobachteten Wert x_{min}. Sie ist leicht zu ermitteln, wird aber von den extremen Werten bestimmt.
Die **mittlere quadratische Abweichung** a_x beschreibt die Streuung der beobachteten Werte um das arithmetische Mittel und wird nach folgender Formel berechnet:

$$a_x = \frac{(x_1 - x)^2 + (x_2 - x)^2 + \cdots + (x_n - x)^2}{n}.$$

Die mittlere quadratische Abweichung ist relativ unabhängig von einzelnen extremen Werten.

8. Bestimmen Sie für das Beispiel „Dichtebestimmung von Stahl" jeweils Spannweite und mittlere quadratische Abweichung der Meßwerte!
Vergleichen Sie die Verteilungen!

9. Vergleichen Sie die Verteilungen aus dem Weitsprungbeispiel hinsichtlich Lage der Mittelwerte und Streuung! Bleiben Sie bei Ihrer anfänglichen Entscheidung darüber, welches Mädchen zum Wettkampf zu schicken ist?

10. Stellen Sie die Größe der Mädchen bzw. der Jungen Ihrer Klasse fest!
Tragen Sie die Meßergebnisse in eine geeignete Häufigkeitstabelle ein, und vergleichen Sie die beiden Verteilungen hinsichtlich Lage der Mittelwerte und Streuung!
Vergleichen Sie auch gegebenenfalls mit den entsprechenden Verteilungen Ihrer Parallelklassen!

11. Vergleichen Sie die Verteilung der Schuhgrößen der Mädchen bzw. der Jungen Ihrer Klasse!

12. Lassen Sie Kressesamen keimen, und bestimmen Sie nach einigen Tagen die Verteilung der Wuchshöhe! Diskutieren Sie das Ergebnis!
Vergleichen Sie mit den Ergebnissen Ihrer Mitschüler!

13. Zeichnen Sie auf ein Blatt Papier ohne ein Zentimetermaß zu benutzen viele nichtparallele Strecken gleicher Länge! (Benutzen Sie ein Stück Holz, einen Buchrücken, einen zweiten Stift o. ä. als Lineal!)
Untersuchen Sie durch Messung der wirklich erhaltenen Längen die Verteilung Ihrer Schätzergebnisse, und vergleichen Sie diese mit den Ergebnissen Ihrer Mitschüler!
Wer hat das bessere Augenmaß?

14. Bestimmen Sie die Anzahl der Benutzer einer Rolltreppe pro Minute für verschiedene Rolltreppen (im Bahnhof, im Kaufhaus) und für verschiedene Tageszeiten! Vergleichen Sie!

Bildnachweis:

ADN Zentralbild, S. 12
Banse, S. 3, 17, 2. und 3. Umschlagseite
Roßberg, S. 43

Viele Spieler in Monte-Carlo, Baden-Baden oder anderswo in den Spielcasinos fragen sich immer wieder: „Ist es möglich, daß eine Zahl oder eine Farbe auf der Roulette-Scheibe von der flinken Kugel bevorzugt wird?“

Man kannn die „Ehrlichkeit“ eines Roulette-Spiels überprüfen, indem man mit einer *genügend großen* Zahl von Versuchen prüft, wie oft die einzelnen Zahlen getroffen werden.

Hier ein Versuch:

S	R	S	R	S	R	S	R	S	R	S	R	S	R	S	R
	34		19	31		29		6		17			14		19
15			9	17		29		0			34		23		5
	14	35		4		31		15			7		16		7
31		8			21	24			19	11		10		20	
15		26		0		31			34		18	6			21
0			30	10		4			12		34	6		8	
11		10			9		9		25		16	35		6	
	1		1		3		32	4			19		7	31	
	23	22			21	29		24			3	13			25
8		26		8		15			12	0		10		15	
	21	26			30	33		24			9	15		13	
	7		18	24		29		28			3		19		3
29			34	15		17		0		20		22		17	
	36	6			36	0			5	13		11			23
	19		7	20			7	35		11		20		2	
	27		14		32	29		13		4			19		25
11			25	10			34		12	22		20			16
4		22			16	24			18	0			7	11	
	5		1	4			3		19	2			30		1
8		28			19	35			12	13		31			19
10		8		33		29		26			3	24		8	
28		0			16	4			25	29			27		19
2			12	33		10			25		21	35		35	
	36		23		36		19		23	17			5	4	
13			1		19	35			7	17			27		1
	16	33			34	17		15			1	24		2	
24			34		5	15			18	31		2			19
	14		14		9	0		20		17			7	31	
26		26			5		18	0		35		4			12
20		29			1	31			18	33			5		21